可持续的青年乡村营造

——平望乡村人居环境建设实践

魏 遐　沈卫民　主编

PING WANG

Sustainable
Rural
Youth
Construction

浙江工商大学出版社
ZHEJIANG GONGSHANG UNIVERSITY PRESS
·杭州·

图书在版编目（CIP）数据

可持续的青年乡村营造：平望乡村人居环境建设实践 / 魏遐，沈卫民主编．—杭州：浙江工商大学出版社，2024.4

ISBN 978-7-5178-5781-5

Ⅰ．①可… Ⅱ．①魏… ②沈… Ⅲ．①乡村—居住环境—研究—苏州 Ⅳ．①X21

中国国家版本馆 CIP 数据核字（2023）第 207933 号

可持续的青年乡村营造——平望乡村人居环境建设实践

KECHIXU DE QINGNIAN XIANGCUN YINGZAO
——PINGWANG XIANGCUN RENJU HUANJING JIANSHE SHIJIAN

魏　遐　沈卫民　主　编

责任编辑　唐　红
责任校对　林莉燕
特约编辑　冯　慧　李书音
装帧设计　唐思雯
封面设计　朱嘉怡
责任印制　包建辉
出版发行　浙江工商大学出版社
（杭州市教工路 198 号　邮政编码 310012）
（E-mail：zjgsupress@163. com）
（网址：http://www. zjgsupress. com）
电话：0571-88904980，88831806（传真）
排　　版　杭州朝曦图文设计有限公司
印　　刷　杭州高腾印务有限公司
开　　本　787mm×1092mm　1/16
印　　张　12.75
字　　数　270 千
版 印 次　2024 年 4 月第 1 版　2024 年 4 月第 1 次印刷
书　　号　ISBN 978-7-5178-5781-5
定　　价　72.00 元

序言 PREFACE

实施乡村振兴战略是全面建设社会主义现代化国家的重大历史任务，是新时代“三农”工作的总抓手。党的二十大报告明确提出，全面推进乡村振兴要“加快建设农业强国，扎实推动乡村产业、人才、文化、生态、组织振兴”。

如何切实推动乡村振兴？如何实现乡村资源要素的重组？如何统筹规划乡村空间？如何实现乡村地域景观再造？这些都成为目前广大乡村亟待解决的实际问题。直面现实，高校人才培养、科学研究和社会服务也应当走向“服务区域、根植地方、多元融合、协同创新”之路。

“长三角大学生乡村振兴创意大赛”的创办是以解决地方乡村振兴战略实施中的实际问题为导向，发挥高校人才智库作用，激发大学生的创新活力，为乡村提供精准解决方案。大赛以“创意，让乡村更美好”为主题，连续两年在江苏省苏州市吴江区平望镇展开专项实践。赛事聚焦村庄景观节点改造、公共服务提升、农村文旅融合发展等问题，采用众高校联盟、多专业协同参与的模式，吸引了长三角乃至全国的众多高校师生聚焦平望。参赛师生通过大赛专项赛道进村驻场，统筹乡村空间布局、挖掘当地文化、探索乡村人居环境共建模式，对村庄风貌、建筑风格、生态景观、特色文化进行个性化引导，打造“一村一韵”的乡村景观，成功改造了“云顶休憩池”“竹林洽谈间”“美丽菜园”等60座乡村庭院。参赛队伍的规划设计成果都基于学生的乡村现场深入调研，大赛切切实实地把大学生的才智跟乡村建设结合起来，用大学生的创造力激发活力，使大学生新时代的思维落地于乡村建设，用年轻的力量唤醒乡村，振兴乡村。这一场生发在平望的青年乡村营造行动，集英才汇众智，以青春的力量塑造乡村，为乡村振兴蓄势赋能。

“长三角大学生乡村振兴创意大赛”是一个应世宜时的创新之举，大赛在有效服务于地方美丽乡村建设的同时，也快速提升了各高校乡村规划建设人才的培养质量，取得了各方共赢的效果。

乡村振兴任重而道远。大赛将智力资源、社会资源、产业资源引入乡村，提出了高校助力美丽乡村建设的新模式，为全面推进乡村振兴战略、建设宜居宜业和美乡村、实现共同富裕打开新通道。同时，大赛也对传承乡土文化、弘扬城乡统筹治理的生态价值观起到了积极作用，成为培养优秀的、具有社会主义核心价值观的规划师、管理者的广阔平台。

此次，大赛秘书处将“长三角大学生乡村振兴创意大赛”的平望镇专项实践成果编撰成册，这既是高校对人才培养成果的一个鉴定，也是对校地合作模式下乡村人居环境整治的“平望模式”的一个总结。它可以成为长三角地区乡村人居环境治理、“五美三优”建设的示范，对于我国其他地区乡村人居环境治理模式的探索具有很好的借鉴意义，对于深化高校与政府、企业、乡村、公益组织之间的联系，拓展、利用多方资源为地方经济社会发展和乡村振兴助力都是具有积极作用的。

仇保兴

国际欧亚科学院院士、

住房和城乡建设部原副部长

第一部分
001 理论篇

第二部分
007 案例篇

011 A01 望萍市堤
015 A02 莺回·归园
021 A03 源水桑田志
025 A04 半遮面·思未尽
031 A07 当平望遇上“蒙德里安”
035 A08 溪畔半亩
039 A09 田垄上
045 A11 村之幸事 以田为望
049 A12 盃湖西院

目录 CONTENTS

115 A01 生长·激活·乡愁
119 A02 庭·韵
125 A06 开轩苑
129 A08 苏香平望
133 A10 花映吴江 平水庭望

055 **B04 如将不尽 以古为新**
059 **B05 驿·生活**
063 **B07 柿·忆**
067 **B08 笔耕梦田 水漾稻香**
075 **B10 大地的艺术**
081 **B12 静听雨 坐揽霞 夜观星**

087 **C01 凭栏听雨**
093 **C02 悠游田园中鲈 寻味百年平望**
099 **C03 适老化空间在乡村环境下的生长**
107 **C04 望 阿婆家的菜园**

141 **B01 织梦江南**
147 **B02 得胜亭花园**
151 **B03 以陶为引 品乡野之韵**
157 **B04 吴音未悄**
161 **B06 伴·园**
167 **B08 院巷有乡邻 树荫述久长**

173 **C02 望萍鲜居**
177 **C03 南栅亭栈**
183 **C06 时光中的故里**

189 **附录**

192 **后记**

THEORETICAL CHAPTER

Sustainable Rural Youth Construction

PINGWANG

第一部分

理论篇

农村人居环境治理
——平望模式

一、农村人居环境治理的背景

农村人居环境是指在农村空间范围内，与人类居住生活有关的自然环境、经济环境、社会环境和文化环境的总称，是农民生产生活所需物质与非物质的有机结合体。农村人居环境建设是人居环境整体改善和实现农民安居乐业的基础，是指导中国农村发展和农村建设的重要依据，是实施乡村振兴战略的重要任务。

2021 年 12 月，中共中央办公厅、国务院办公厅印发了《农村人居环境整治提升五年行动方案（2021—2025 年）》，标志着我国农村人居环境治理正式从污染治理导向的基础设施建设阶段进入环境改善的管理提升阶段，这不仅是农村人居环境治理持续深化的内在需求，也是全面推进乡村振兴、广大人民群众追求更美好生活的客观要求。方案指出，2018 年农村人居环境整治三年行动实施以来，各地区各部门认真贯彻党中央、国务院决策部署，全面扎实推进农村人居环境整治，扭转了农村长期以来存在的“脏乱差”局面，村庄环境基本实现干净整洁有序，农民群众环境卫生观念发生可喜变化，生活质量普遍提高，为全面建成小康社会提供了有力支撑。但是，我国农村人居环境总体质量水平不高，还存在区域发展不平衡、基本生活设施不完善、管护机制不健全等问题，与农业农村现代化要求和农民群众对美好生活的向往还有差距。

农村人居环境整治是一项涉及面广、内容多、任务重的系统工程，不仅是一场攻坚战，更是一场持久战。现阶段中国经济正处于飞速发展阶段，城市经济、建设、生态等发展显著。农村作为社会环境的重要组成部分，其发展势态直接推动了国家社会经济的进一步发展与壮大，且农村本身是一个独立的社会环境和生态体系，对其进行研究和进一步提升也是十分必要的。在新时代的背景下，农村人居环境的研究工作主要着力点应该放在重振农村产业活力、重塑农村文化魅力、重组农村治理结构、重构城乡平等互补格局及重建农村政策保障机制，这是实现农村复兴的重要路径。

二、长三角地区农村人居环境治理举措

改善农村人居环境，是以习近平同志为核心的党中央从战略和全局高度做出的重大决策部署，是实施乡村振兴战略的重点任务，事关广大农民根本福祉，事关农民群众健康，事关美丽中国建设。长三角地区是中国乡村业态最丰富的区域，也是乡村发展受土地、环境承载等要素资源限制程度最高、资源分布最不平衡的区域之一。长三角地区是我国较早开始推动农村人居环境治理的地区，也是进展较为迅速、成效较为突出的区域，区域内不乏农村人居环境改善的样板和示范。总结而言，长三角地区农村人居环境治理的主要举措包括以下几个方面：

1．强化多元共治，促进治理主体转变。农村人居环境的利益相关主体复杂，它是一个共生系统，政府、企业、村集体等各主体之间存在一种共生关系。客观上应当通过协同供给发挥各主体的优势，从而建立起可持续的长效治理机制。一方面，要增强以村党委为核心的村级基层组织的领导力。既要发挥党组织的引领作用，提高农村社区的组织化程度，达成社区层面的治理共识，进而形成有效的集体行动机制，又要发挥党员队伍在社区治理中的重要作用，通过党员带头，提升村民参与治理的积极性。另一方面，要明确利益相关主体的责任，尤其是村民和村集体的责任，充分展现农村人居环境治理是大家“重建美好家园”的本质。建议以地方性法规的形式，明确将农村生活污水处理设施等与农村人居环境相关的基础设施的运营管理和监督的权利赋予村民和村集体，由地方政府根据运营管理的效果给予补贴，以此激励广大村民参与，降低政府的监管成本，提高设施的运行效率。

2. 需求导向、规划引领，推动人居环境综合治理。针对长三角地区农村新产业发展过程中的人居环境治理难题，一方面，要加强村庄规划等领域的制度供给，发挥规划的引领作用。根据区域总体发展规划，明确不同农村的发展定位，并通过购买服务等方式，为农村社区制订村庄规划。在此基础上，结合村庄的经济水平、自然情况和发展愿景，在区域“一张蓝图”的前提下，通盘考虑农村人居环境治理的长短期工作。另一方面，赋予广大村民对村庄规划的话语权和决策权，保障广大村民的参与渠道和参与机制畅通、完善，充分体现广大农民群众的发展诉求。同时，还需要充分调动农村新村民、企业、乡贤等重要主体的积极性，使他们也能够参与到规划的编制和讨论当中，确保村庄规划符合广大村民的利益，实现广大村民对人居环境的诉求。广大村民和村集体的深度参与，进一步降低了农村人居环境治理的综合交易成本，也反过来确保村庄规划的有效实施。

3. 协同治理，完善农村人居环境治理体系。新时期农村人居环境治理范围与治理目标发生了显著的变化，对协调治理的要求更高。整体而言，应当探索构建上下协同、区域协同和目标协同三大机制。上下协同，即自上而下的治理与自下而上的治理相结合。农村社区是农村社会服务管理和乡村振兴的基本单元。一方面，要赋予基层组织足够的自主决策空间，使基层组织

可以有效结合本村实际情况做出决策，充分反映广大村民的具体需求；另一方面，要在政府与基层组织间建立有效的沟通渠道，确保基层组织在治理过程中既能充分贯彻政府的政策和规划引领要求，又能及时反馈广大村民的实际意见，最终实现自上而下和自下而上的治理合力。区域协同，以长三角生态绿色一体化示范区建设为契机，结合乡村振兴连片打造的需求，从农村区域生态环境的特征出发，优化治理方案，建立跨村联合治理机制。在此基础上，进一步推动村落人居环境特色的打造和可持续利用，形成环境共治、责任共担和效益共享机制。目标协同，农村人居环境涵盖内容多、范围广，在新阶段的治理过程中，应注意治理多元目标的协同实现。在实现农村人居环境有效治理的同时，推动乡村绿色产业发展、水乡文化寻回、乡村社区融合，全面助力乡村振兴。将低碳发展理念引入农村人居环境治理中，推动形成环境友好的新型农村生产生活方式，培育绿色、简朴的消费观和价值观，以实现农村人居环境治理与“双碳”目标的协同效应。

4. 完善市场机制、探索科技赋能，建立资源投入长效机制。建立并完善市场化模式，引入竞争机制，是缓解农村人居环境治理财政压力、提高治理效率的重要途径。这已在长三角地区已经取得了突出的成就，未来需要更进一步探索、完善与农村人居环境治理相适应的市场化模式，进一步优化竞争机制，以充分发挥市场优化资源配置的作用。要为社会资本进入农村人居环境治理领域奠定稳定、可靠的基础。

“十四五”期间，长三角地区农村人居环境治理也进入了新的发展阶段，同时也面临新的挑战。长三角地区因地制宜地开展农村人居环境整治，在突破现实瓶颈、充分调动村民自治积极性、提升村民自治能力、通过有效手段治标治本进一步提升人居环境质量等方面的经验都将继续为新时期扎实推进宜居宜业、和美农村建设提供新的思路。

三、农村人居环境治理“平望模式”探索

平望镇，隶属于苏州市吴江区，连接长江三角洲中的苏锡常地区和杭嘉湖地区，是江苏省历史文化名镇。近年来，平望镇积极探索新思路、新方式，以大力实施乡村振兴战略为契机，以美丽乡村建设为导向，以农村人居环境长效整治为抓手，以“五微一体”模式推进农村人居环境整治提升，促进城乡人居品质实现蝶变，持续擦亮平望“人居四季”品牌。

1. 常态长效“微整治”。平望镇落实长效管理机制，推行村庄环境一体化运作模式，实施村干部分片包干责任制，细化责任，激发工作积极性，以考核为抓手，加强保洁队伍管理，开展常态化整治清洁，提高整治效率和质量，确保自然村等次跃升不下滑。

2. 固本强基“微改造”。平望镇突出问题导向，以“找差距、明方向、亮特色”为目标，按照“两周复查 + 两月回头看”的模式，开展农村人居环境整治“攻坚拔钉”专项行动。平望

镇农村工作局从细节改善入手，按照“实用、管用、耐用”原则，侧重农村基础设施改善，督促检查成绩靠后的自然村加强整治及长效管理，实现快速改善提升。

3. 村景交融“微设计”。立体式提升农村人居环境品质水平，因地制宜开展“五美三优”创建行动，精细化打造停车场、口袋公园、便民菜园等特色亮点，盘活闲置地块，实现户与景融、村与“文”融、村景交融。

4. 汇聚民意“微治理”。宣传发动、行政推动、奖补促动、示范带动，平望镇农村工作局秉持共建共享美丽人居的工作理念，依托“有事好商量”、党群驿站、百姓客厅等阵地平台，定期邀请村民代表参与村庄治理，创新探索和推广运用“激励＋积分制”形式，落实门前“三包”责任制。

5. 博采众长“微讲堂”。平望镇农村工作局严格落实简报制度，举办人居业务公开课，分享优秀案例，大力推广成功经验，有序推进美丽乡村建设工作落地见效。定期召开农村人居环境整治专项会议，切实增强开展村庄清洁行动的责任感、紧迫感。各村自发组织村干部到优秀村观摩学习，对照先进找差距，及时总结经验、发掘典型、查漏补缺，实现村庄“环境美”向“宜居美”转变。

为进一步探索“创意改变乡村、艺术修复乡村、文化引领乡村、产业振兴乡村”的平望路径，平望镇联合浙江省乡村振兴大赛组委会，在江苏省率先落地并推动实施“长三角大学生乡村振兴创意大赛·平望文化赋能空间专项赛”，聚焦农民群众普遍关心的人居环境问题，乡村出题、高校答题、真题真做。受新冠疫情的影响，第二、第三届“长三角大学生乡村振兴创意大赛·平望文化赋能空间专项赛”历时各400多日，共有42所高校参与，打造了分布于6座村庄的60个独特的创意庭院空间。举办“长三角大学生乡村振兴创意大赛·平望文化赋能空间专项赛”是平望镇农文旅融合发展、乡风文明提升及乡村治理的有益举措，连续两届赛事的丰硕成果也为此次“丰收”活动助力添彩。比赛为平望镇庙头港、茂才港和村前港的河岸两侧景观、庭院、店铺、外立面等进行创意设计与改造，极大地改善了村庄景观风貌，丰富了村民娱乐活动，夯实了乡风文明及乡村治理的环境基础，打造了美丽乡村建设的平望样板。这一场生发在平望的青年乡村营造行动，集英才汇众智，以青春力量为乡村振兴蓄势赋能，为村民提供良好的乡村人居环境，为乡村的“五美三优”建设提供了新的思路。

从脱贫攻坚到乡村振兴，大学生乡村振兴创意大赛持续不断地为乡村引入资源与创意。通过搭建“政校企村”合作平台，大学生、青年设计师等各界人才与乡土工匠融合，共同为乡村寻找活化路径，切实为农村人居环境改造、乡村事业振兴提供源源不断的助力，也为“平望模式”的进一步完善提供了实践依据。

CASE STUDY

Sustainable Rural Youth Construction

PINGWANG

创意，让乡村更美好

第二部分
案例篇

服务区域

根植地方

多元融合

协同创新

A01
望萍市堤

A02
莺回·归园

A03
源水桑田志

A04
半遮面·思未尽

A07
当平望遇上“蒙德里安”

A08
溪畔半亩

A11
村之幸事 以田为望

A09
田垄上

A12
盃湖西院

A

平望庙头村
MIAOTOU PINGWANG
乡村人居环境建设实践
RURAL HABITAT ENVIRONMENT CONSTRUCTION PRACTICE

01

望萍市堤

参赛学校
浙江农业商贸职业学院

学生团队
金惠聪、黄河谣、陶柳希、黄晨笑、徐佳译、陈李料、胡晓红

指导老师
张林文君、虞凯

获奖等级
第二届长三角大学生乡村振兴创意大赛·平望文化赋能空间专项赛金奖

项目概况

项目位于苏州市吴江区平望镇庙头村的肖家桥边，原为该村码头地块，是 318 国道入村以及水路入村的必经之地，因此是游览路线的重要节点。考虑周边居民的需求，兼顾游客的功能配置，对这块 420 平方米的地块进行景观改建及功能优化，为村民提供一个聚会、休闲、娱乐场所，为游客提供一个水陆功能场地以及文化旅游场所。

绿化区
平台区
休闲区
集市区
乘船区

设计思路

设计以河埠头文旅商贸休闲功能为核心，集游览、购物、交通功能于一体，提取场地水乡文化特征及苏绣文化为设计元素。同时，创设特色乡村水陆夜游，为村民和游客自由交换的“精神集市”，以现有场地硬化道路为基础塑造新颖景观，打造平望镇特色码头——望萍市堤。

“望萍”，意指在平望这片一望皆平的大地上，一支年轻的团队和乡村萍水相逢的故事；“市堤”，则展现码头边特色水乡集市人们安居乐业的幸福画卷。

简言之，方案重点打造集市、河堤、码头区域，以期改善当地居住、旅游环境，服务村镇文旅事业，带动周边城镇的经济发展。

项目亮点

特色景墙

入口景墙的设计，团队提取平望当地特色——瓦罐，将“瓦罐”作为设计元素融入景墙。场地临河且位于村子入口处，设计引入水文化，其态似罐中倒水，其水呼应当地游船线路，将线路上的景点标注于墙上，似一张地图，装饰的水文化呼应地面，蜿蜒至码头内，引导着游客前去一观。

“精神集市”

打造“精神集市”——景墙，使用铝片穿插而成，展现庙头村村民的水上活动场景，墙上可留言或题字，文化的交流与传递于此展开。

船文化

铝片景墙设计的对面，以场地船文化为要点，设计木船，增加场地的观赏性，同时打造市集、商品售卖地点。此处，距离码头的上船点很近，以此形成乡村特产宣传点，助力提振庙头村的经济以及提升村子的知名度。

木制秋千

此处视野开阔，无物遮掩，仅有一香樟树，树下设一秋千。秋千属娱乐性设施，且老幼皆宜，为此处增添一丝乐趣。

团队感言

几个月的坚守与付出早已融入我们的生活，与施工方的讨论、与村民的沟通、团队间的互助，都是难忘的回忆，参赛期间确实很辛苦，但快乐大于辛苦。乡村的美丽永不单调，感谢不懈努力的我们，感谢为此项目付出过的所有人。

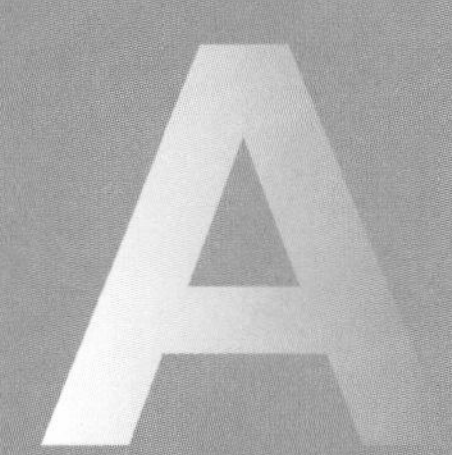

莺回·归园

参赛学校

苏州农业职业技术学院

学生团队

桂萌萌、李楚楚、顾佳、苏欣、施晓霞

指导老师

张彤钰、高静瑶

获奖等级

第二届长三角大学生乡村振兴创意大赛·平望文化赋能空间专项赛金奖

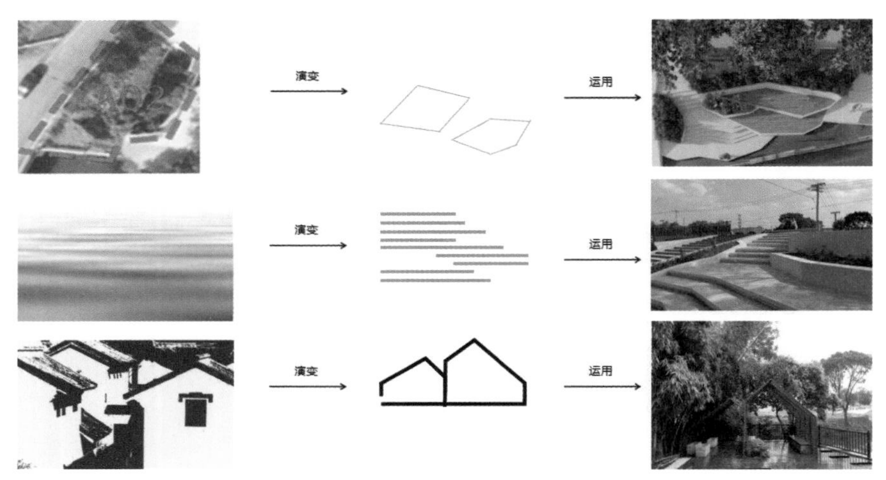

设计元素提取

改造前的场地

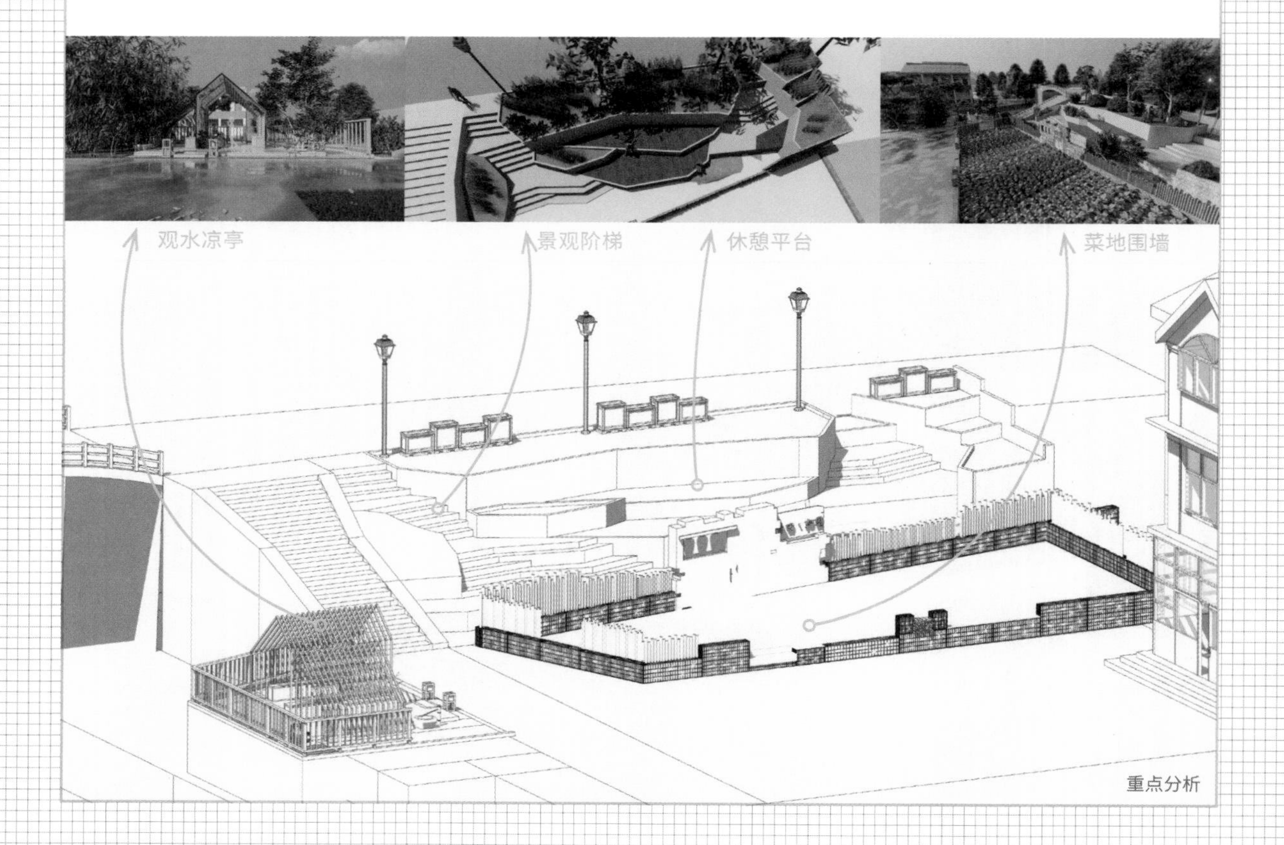

重点分析

总平图

项目概况

平望镇庙头村长漾里，是环长漾景观建设中的重要节点，项目位于平望镇庙头村桥边 A02 地块。靠主干路一侧斜坡，高差最大处达 2.92 米，最小处达 1.7 米。场地紧邻隔壁村民菜园，多处墙砖围挡，碎石砖块遍地，属于废弃空间。房屋靠近小竹林和水边，正对面有一块水泥地，没有任何围挡。

设计理念

“登桥试长望，望极与天平。际海蒹葭色，终朝凫雁声。”唐朝著名诗人颜真卿用寥寥几笔把平望勾勒得出神入化。为延续前人的文脉，本次设计以保护自然为准则，与土地做朋友，深挖当地生态资源和文化资源。

设计通过识别地块本身的形态，渗入运河文化，提取水面波纹以及村落间紧挨的房屋建筑的外轮廓，以“莺回·归园”为设计主题，取“莺湖”“田园”“家园”“回归”之意，尊重自然，重建并回归土地；以探讨适合各年龄阶段人群活动的乡村景观空间为目的；采用场地现有资源与当下特色乡村旅游相适应的景观以及利用地块本身紧邻水系的优势，打造滨水休闲空间、观赏停留空间等。

设计将台地与居民菜地间用砖砌景墙分隔开，既保证了居民私有地的隐秘性，又能巧妙分隔空间，制造一景。

邻水空地设置景亭，因临河且位置方向偏低，为了在雨水期达到疏水的目的，木质铺装下采用铸铁格栅架空结构，便于清理沉积的淤泥。

项目亮点

阶梯景观

考虑基地台地高差大（2.92 米），设计下行阶梯，辅有休憩平台与种赏花坛，异形台阶与花坛设计使整体造型富有活力与律动感，材料方面选择灰色水磨石与刷原木色漆竹板，粗糙的质感不失乡村古朴。

绿化种植

利用场地原有的两棵香樟树和隔壁村民家的一棵枣树形成阴影遮挡和整体的高差变化最低点种植花境，映衬栏杆景墙，上面花坛以常绿灌木为主，如：金森女贞、大叶黄杨、红叶石楠等。听村老人说当地原有许多南天竹，于是去花木市场挑选一棵作为亭子处的绿化焦点，并利用废弃石块，将其洗净点缀，寓意吉祥好运。

诗境含蕴

“莺啼转夏木，日暖归田园。”景观设计从失落的闭塞空间到开放的共享空间，从垃圾废料的堆放地到既是景观又可观景的乡村园林。设计要做的是在一幅白纸画卷上，以寥寥几笔线条勾勒花木，便成一景。坐于其中，可以听到清晨清脆的莺啼虫鸣，可以望到农家小院里村民悠闲的身影，可以闻到乡间小路旁的青草香……这里将是归守的田园，新时代乡村生活的瞭望角，也是乡村旅客们短暂停留的桃花源。

莺回·归园

团队感言

我于春日向你走来，你在炎夏与我相伴。在这里度过了两个月的时光，从长袖到短袖。在这个项目开始时遇到了很多阻碍，比如场地遗留树木、凹坑深度测量困难、项目现场监督等，通过与施工方的实时交流与配合这些困难我们一一克服了。令人惊喜的是项目落地后第二年我们有机会再次来到长漾里，驻足于场地前，发现最大的变化是植物生长得更加茂盛、挺拔，充盈着整个空间。置身其中仿佛“被环抱”，人与自然相处融洽。隔壁村民爷爷在采访过程中表现出的欢喜与满意让我们觉得一切努力和辛苦都值得！

感谢大赛组使我们有机会实践，从设计到施工落地的整个过程加深了我们对项目的了解，锻炼了我们的执行力、沟通能力、决断力等。每一次踏足场地都有新的认知，尤其是施工工艺，我们的设计不再是纸上涂画。能够亲眼见证设计作品的完工对学生时代的我们是件幸福的事情。

源水桑田志

参赛学校
浙江财经大学

学生团队
杨紫依、赵芊芊、叶馨蕴

指导老师
邵杰、熊倬锐

获奖等级
第二届长三角大学生乡村振兴创意大赛·平望文化赋能空间专项赛银奖

项目概况

本项目从平望镇的运河文化中提取主题概念“源水桑田”，“水”是庙头港农耕文化的起源，也因此孕育了桑蚕、稻米……农耕文化离不开土地，设计其本质源于“田”，故取名为“源水桑田志”。经实地调研，当地主要以酱文化、蚕桑文化、稻田文化为发展方向，因此，本案将围绕以上 3 个方向进行布局设计，来达到活化农耕历史文明的目的。

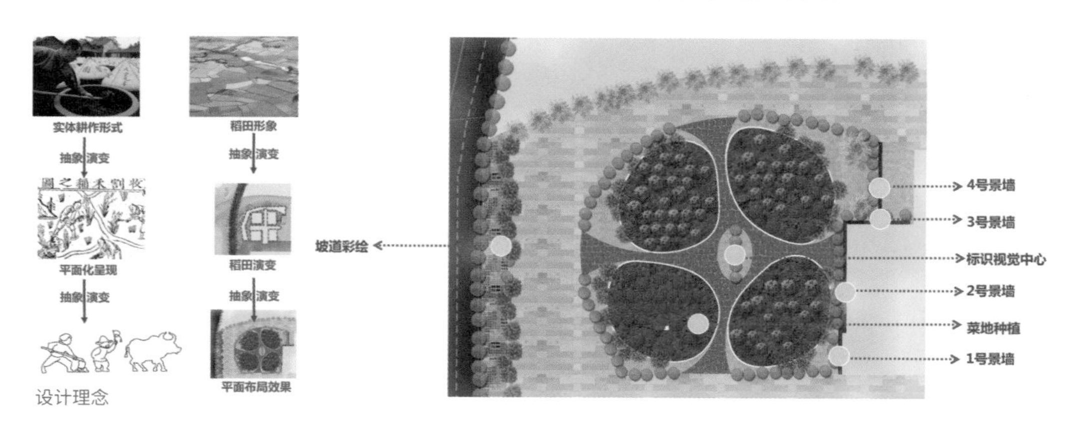

设计理念

项目亮点

在经过 3 轮方案设计调整，项目即将动工时，村主任建议取消景墙的设计，以减少施工难度。但我们考虑到项目位于庙头村村口位置，认为非常有必将其保留，景墙可向往来游客展示庙头村的文化与概况。此外，项目紧靠另一个农户家破损老旧的车库与外墙，景墙的设计能够起到美化遮挡作用。最终，我们保留了景墙设计。

砌筑第四面墙时，受土地性质限制，景墙砌筑高度不能太高，导致景墙造型被认为像墓碑，而没有被村民认可。团队因此意识到，设计时应当深入了解当地民风民俗，于是我们接受村民的建议，又一次重新设计景墙。然而，因为农户土地产权问题，墙又一次被推翻。村民认为砌筑的位置导致他们家的土地面积减少。最终，团队根据农户的要求，将墙向后挪了 30 厘米，才重新砌成。

团队感言

在这次大赛中，我们经历了许多个“第一次”，我们背后有老师、施工方、村民和团队的支持，比赛不仅锻炼了能力，也亲自见证了自己设计的作品呈现的过程。回想起初赛时，为了争取入围，我们齐心协力地熬夜出方案，这种经历是难忘的；在比赛期间，作为领导者，明白了要充分激发团队成员的积极性，发挥各自所长和潜能，令工作变得高效，这是不易的；参与乡村改造项目，走泥地、踏黄土是平常事，印象最深刻的是 4 点钟起床和工人们一起在公路沿边铺设砖块，从天黑干到天亮，再从天亮干到天黑，洒下的不仅仅是我们的汗水，也是我们对项目的激情。在施工过程中，即使很小的细节也需要去把控，我们学会了调整心态，慢慢发现沟通是最好的解决方式，通过交流碰撞我们找到最优的解决方案。最后，作品的诞生离不开老师的耐心指导，他们一遍遍地指导我们修改方案的不妥之处，有问题时老师总能在关键之处给予我们帮助。其实，对于我们团队的每一个人而言，这都是一段难忘的经历，也给我们未来的专业旅途增添了浓墨重彩的一笔。

半遮面·思未尽

参赛学校

上海理工大学

学生团队

王忠求、翁晨迪、彭楼丹、孟庆宇、张欣怡、陈思思

指导老师

王勇

获奖等级

第二届长三角大学生乡村振兴创意大赛·平望文化赋能空间专项赛银奖

项目概况

项目基地位于庙头田园综合体区块内，基地改造提升结合平望田园综合体规划，解决村庄现存问题，打造乡村健康生活。

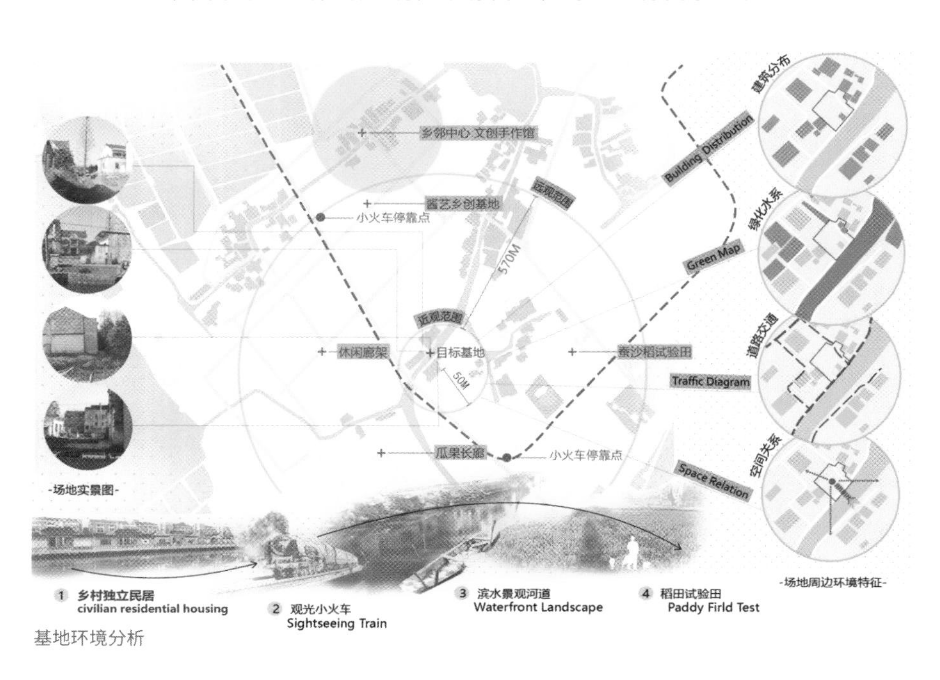

基地环境分析

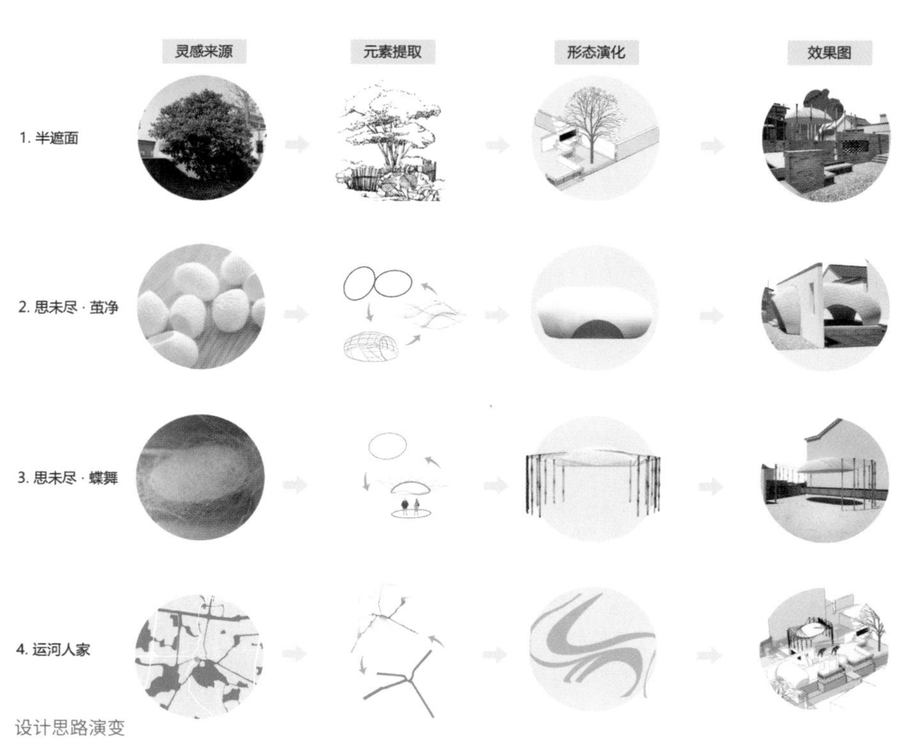

设计思路演变

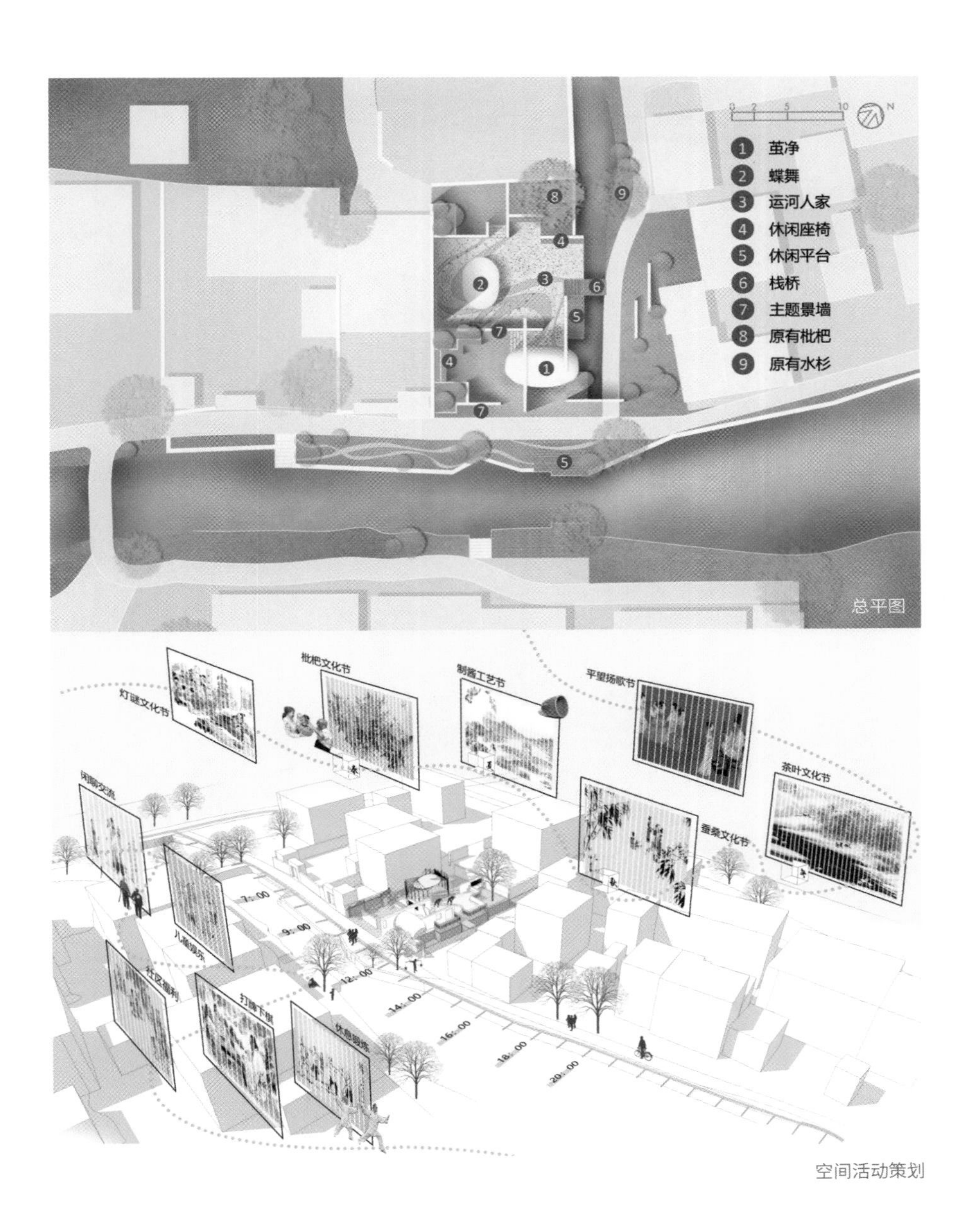

总平图

空间活动策划

设计思路

规划以村民的堂屋为设计基础，以庙头村蚕文化及场地内保留的枇杷树为灵感，通过仿生设计对蚕文化进行演绎，生成构筑、小品等形态，以此提高空间利用率和功能灵活性，为村民打造共享空间。

在场地内融入村民习俗文化，重塑场所精神，打造村民间的“共情”空间。从物质空间设计到邻里关系组织，重塑乡村特有的生活意趣和守望相助的社区精神。

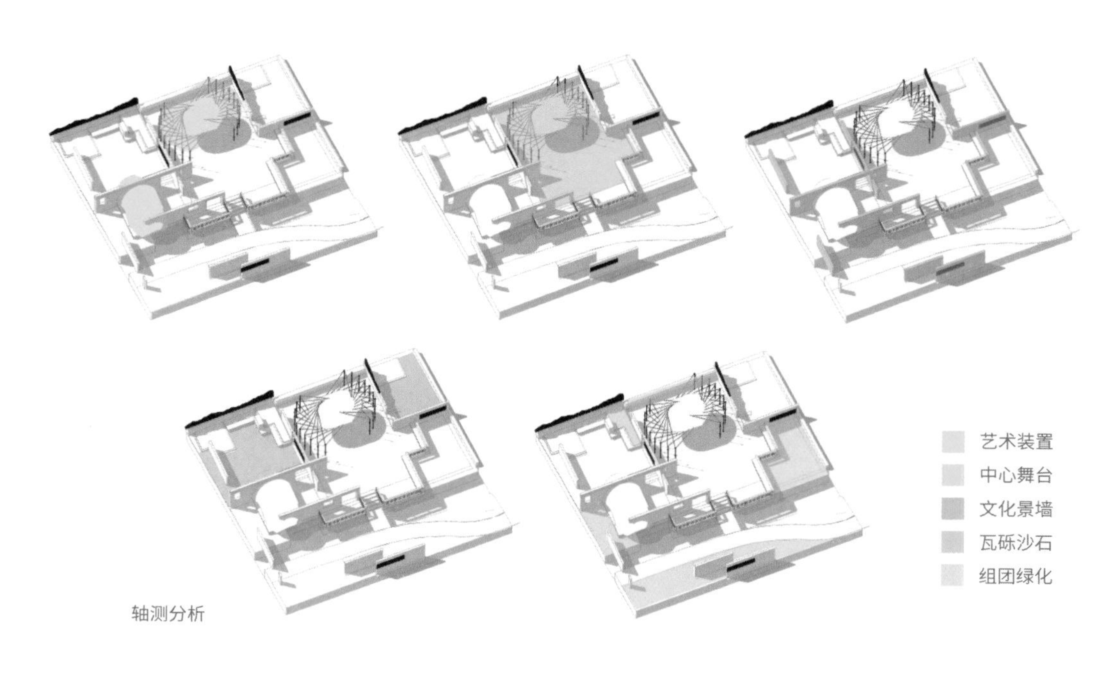

轴测分析

立面分析

东北方

东南方

项目亮点

半遮面·保留场地记忆

场地内原有一棵 30 年的枇杷树，其承载着老宅记忆，集"树之先行者"和"思念如盖"于一身。设计将其保留，同时增设主题文化景墙，营造"犹抱琵琶半遮面"般的老宅记忆、朦胧的场景感。

思未尽·蚕净

茧介于虫与蝶之间，在这个场地内既是空间，又是时间。设计提取蚕茧的轮廓及蚕丝编织交融的网状形态，与本土材料相融合，共同构成"茧净"休闲构筑。既是对乡村振兴的体现，也是对乡村群体记忆的唤醒。

思未尽·蝶舞

破茧成蝶是"涅槃"的过程，设计模仿蚕茧拉丝固定原理，以破损的茧作为遮阳避雨艺术装置，下设村民舞台。轻巧灵动展示蝶变历程，也寓示着对美好生活场景的展望。

运河人家·地域元素演变

设计提取平望三河交汇的特征，将其抽象解构形成场地地面铺装，体现平望应运而生、应运而兴的地域文化特性。

“虫净·蝶舞”构筑

团队感言

通过实地调研和与村民的交谈，团队深刻感受到了庙头村的独特文化。乡村不只是乡土，还是没有边界的博物馆。在创作的日日夜夜里，我们不断地发掘乡村内涵及其中的韵味，“纸上得来终觉浅”，这场实践活动让我们受益匪浅。

A

平望庙头村
MIAOTOU PINGWANG
乡村人居环境建设实践
RURAL HABITAT ENVIRONMENT CONSTRUCTION PRACTICE

07

当平望遇上"蒙德里安"

参赛学校
浙江师范大学

学生团队
袁思清、杨广赟、张浩宇、吴恭蕊、颜哲昊

指导老师
邵利炳

获奖等级
第二届长三角大学生乡村振兴创意大赛·平望文化赋能空间专项赛金奖

江南水乡的文化韵味

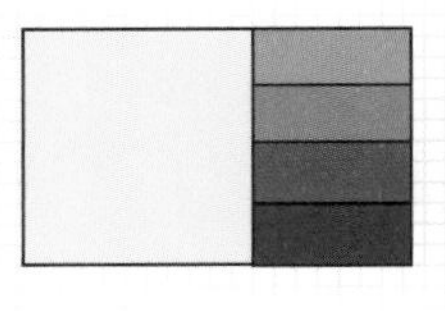

C:2 M:6 Y:20 K:0
C:18 M:53 Y:62 K:0
C:52 M:45 Y:44 K:0
C:61 M:71 Y:69 K:20
C:78 M:73 Y:70 K:41

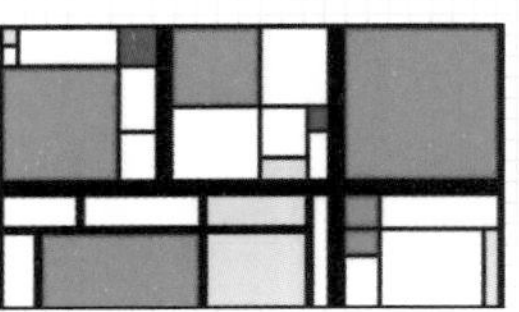

蒙德里安的视觉补充

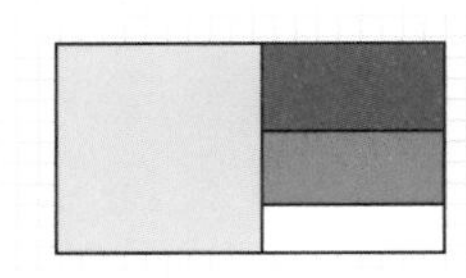

C:10 M:0 Y:83 K:0
C:93 M:75 Y:0 K:0
C:0 M:96 Y:95 K:0
C:0 M:0 Y:0 K:0

项目设计思路及色彩提取

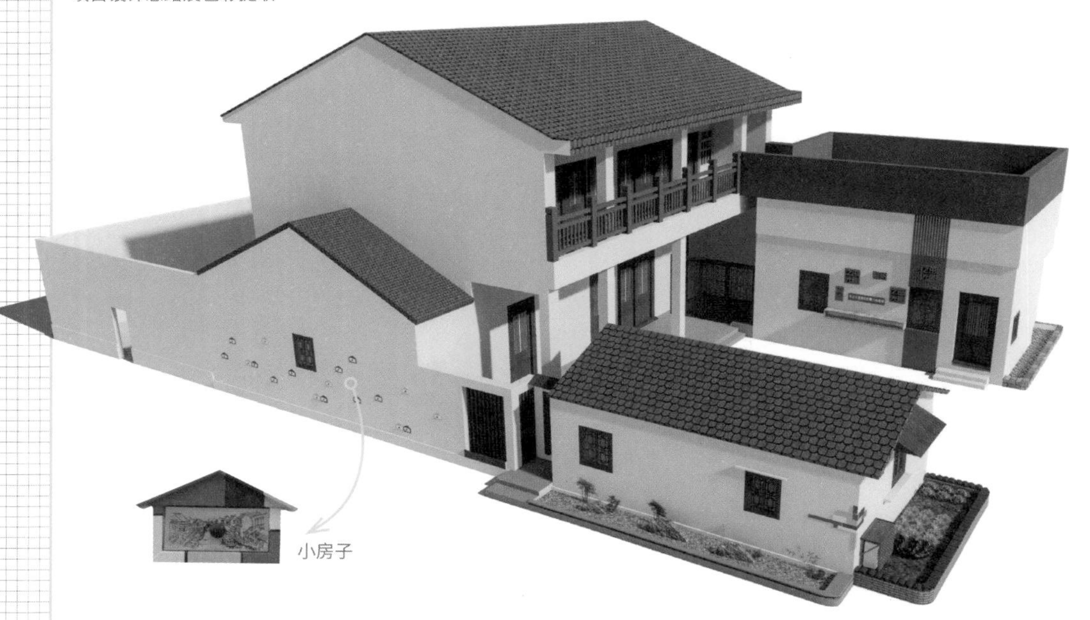

项目概况

项目场地位于平望镇庙头村，为一对老人居住的独幢小院。项目规划打造田园诗意栖居的乡村生活环境，视觉上采用蒙德里安的色彩体系——红、黄、蓝。充分考虑住户的实际生活需求，让建筑“暖”起来，让“墙”活起来，让空间“美”起来，让景观有“韵”起来，让生活“易”起来。

设计思路

设计以空间为载体，以文化赋能空间，从而提升乡村居民的生活品质。项目在保留传统中国文化元素的同时，尝试植入西式元素，以蒙德里安的几何抽象作品作为空间构成的灵感，结合墙面立体的艺术设计，既勾勒江南水乡，又融合现代西式风格，赋予院落多样的精神价值，实现设计空间的更新和有序发展。

项目亮点

墙体创意设计。考虑到长漾里亲子活动较多，拆除西侧墙体，增加场地的互动性与趣味性。在西侧原有墙体上挖 18 个小孔，设计可抽取的小抽屉，组合设计房子装饰小品，色彩采用蒙德里安色系——红、黄、蓝，并在抽屉表面绘制苏州十八景，呼应江南水乡的图景。在抽屉式的“小房子”里，放置宣传册、灯谜……制造惊喜意味，让墙面“活”起来。

旧物更新设计。场地有较多的废旧材料——酒罐、瓦片、青砖、红砖以及木桩等，基于环保考虑，团队运用这些材料设计景墙，植入老人打理的植物，加强整体的美观程度，让空间“美”起来。

园林结合设计。花坛设计考虑山水、园林元素，采用 3 块熏浪石和白石子造景，内置太阳能灯。夜晚，微微的光亮，温暖了归家的人。对南侧与西侧的花坛设计提升改造，让景观“韵”起来。

院景花坛景观小品　　创意景墙

旧物利用造景

团队感言

5名队员，283千米，130多天，有协商沟通过程中的纠结，有通宵赶制方案的劳累，更有被肯定时的欣喜。看过无数次深夜村里的群星闪耀，也领略过晨曦太阳升起时曙光一点点照亮整个村庄。小院的一砖一瓦、一草一木，点点滴滴，都附着我们对项目改造的投入，以及和爷爷奶奶一起相处的温暖，和同学一起走过的赤诚。相比课程学习而言，专项赛让我们接触到施工全程，也让我们明白了乡村振兴的意义所在。

景墙设计

溪畔半亩

农产品展销中心设计

参赛学校

浙江财经大学

学生团队

沈懿昀、王向星、周玥怡、徐靖扬

指导老师

邵杰、熊倬锐、蒋丽娜

获奖等级

第二届长三角大学生乡村振兴创意大赛·平望文化赋能空间专项赛银奖

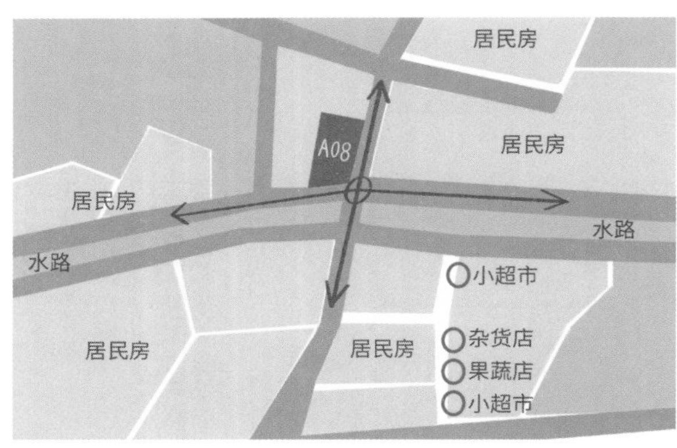

区位分析

交通 A08 处在十字路口
主要干道通车、打造门面地标

生活 A08 处在居民区中心
村民聚集场所、公共休闲庭院

自然 A08 面朝河流
视野开阔、桥头文化驿站

商业 A08 附近商铺汇集
前庭开阔、天然的商品展销中心

项目概况

“搏动的运河古镇，流淌的吴越史诗”，平望作为历史人文底蕴浓郁的“京杭古运河城镇”，作为江南运河苏州段中的一个典型运河小镇，极具苏州江南水乡环境下的生活风貌。

项目场地 A08 位于苏州市平望镇桥头自然村的一个十字路口，为主要干道，规划在此打造门面地标；因其地处居民区中心，为村民集聚场所，规划赋予其公共休闲庭院的功能；同时，地块面朝河流，视野开阔，规划桥头文化驿站；地块附近商铺汇集，前庭开阔，是天然的商品展销中心。

设计理念

给扁舟安上发动机

如何在保留庙头村建筑传统风格的同时，增加更多功能及提升其美观性，提升乡村人居环境的共建模式，促进良好的乡风文明建设，带动农文旅融合发展?

规划以一叶扁舟赋意场地，基于当地文化，赋予建筑新的生命力与创造力。

规划保留原有空间的外在形态，对建筑外部进行颠覆性的功能置换和空间重构，使其成为村庄邻里交流和文化交融的新场所。

平望拥有高效农业园区的优质产业资源，有特色农产品，如平望辣酱、有机稻米、酱菜、乳黄瓜、麦芽塌饼、冰雪糕等。项目组响应国家乡村振兴的号召，回应当地推动农文旅的发展需求，将空间设计成平望特色农产品的展销中心，展示和售卖当地特色农产品，将其打造成传播平望生态农业文化的平台，向外宣传平望的生态农业文化，输出当地的特色农产品。

区位分析

设计亮点

溪畔半亩

“溪畔”，意指溪水边，有“小桥流水人家”之意，也正是空间所处的地理位置。

“半亩”，取自“半亩方塘一鉴开，天光云影共徘徊”。意思是指半亩大的方形池塘，清澈明净，天空的光彩和浮云一起映入水塘，闪耀晃动，充满生机和活力。方塘的水为什么这样清澈？因为有那永不枯竭的源头。如同平望的发展与运河息息相关，运河对于村子来说便是那活水。选用“亩”字，还有另外的一层含义。“亩”是中国地积单位，象征着田地与农业、与农产品展销中心相契合。

瓦浪

取乡土之材——瓦，运用到庭院、长墙的设计中，将旧瓦、新瓦堆叠成形，交织于白墙前，构画山形水影，似山延绵起伏，或似水波柔和宛转，缓缓流入，灌溉土地，滋养谷物。

玻璃幕墙茶室

以钢化玻璃打造一个阳光房，为建筑加入现代元素。玻璃既解决了屋内采光不足的问题，也使得空间更通透。相比普通墙体，钢化玻璃更耐用。

休息平台

运用防腐木材，为村民打造交流活动平台。防腐木材不易被风雨侵蚀，易于维护，使用寿命长，同时，木材的质感给人温暖柔和的亲近感。

青石板庭院

篆刻二十四节气，以二十四节气致敬平望有机农业，致敬生态农业文化。

瓦浪景墙

玻璃幕墙阳光房

防腐木平台休闲区

防腐木平台休闲区

景观小品

团队感言

通运江南，缘来平望。白墙黛瓦，临水照街，宽厚的石桥梯，平望这座千年溪港古村落让我们深深感受到其独特的历史文化。在设计与改造中，我们充分考虑现有基础和当地文化，利用自然环境和乡土工法，就地取材，致力于打造“天光水色，一望皆平”的水乡泽国。感谢大赛，为我们提供了可以施展设计才能的比赛平台，也为我们助力乡村振兴提供了一次契机。

田垄上

田垄上
庙头港农家村苑区域一体化设计

参赛学校
中国计量大学

学生团队
何宸宇、方浦泽、姜峻辉、周逸飞、翁庆庚、倪平、周艺敏、孙梦婷、叶雅盈

指导老师
陈绍禹、潘狄明

获奖等级
第二届长三角大学生乡村振兴创意大赛·平望文化赋能空间专项赛银奖

项目概况

项目位于江苏省苏州市吴江区平望镇庙头村。地块位于庙头村内干道桥头，人流交会处，主设计区域为场地内的废弃合院，其顶棚破损严重，场地荒芜，部分地区被开垦为菜地。但项目地块有合院环绕，内有古树葱郁，天光开阔，环境宜人，游客主要来自长漾里，通过村内步道，可直达项目地块。因此，该址有潜力成为一个有吸引力的业态空间。

设计思路

场地内的设施及景观功能，始终围绕农事主题，结合古代农业文化，打造乡村氛围创意空间。

整体思路上，将农业文化融入空间，将农事生产变为活动，为乡村风味赋予新的美感。

设计希望挖掘农业文化的美感，让农业文化重新被人记起。农业文化的留存，亦是对传统生活的纪念。

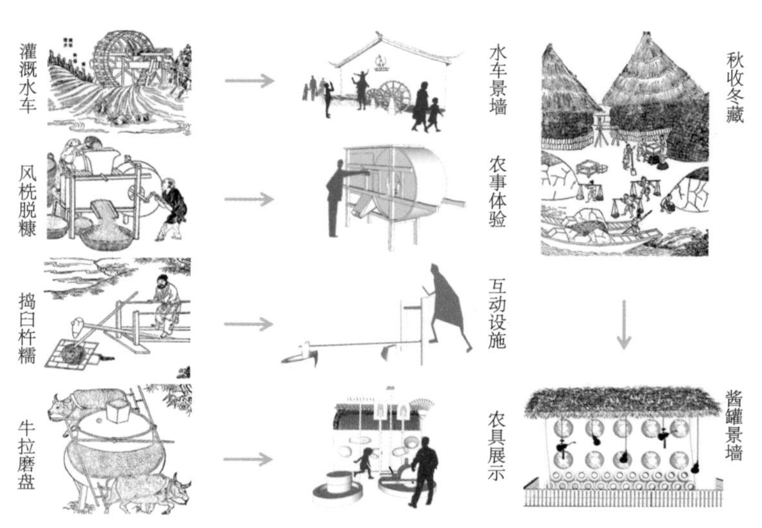

设计思路衍化

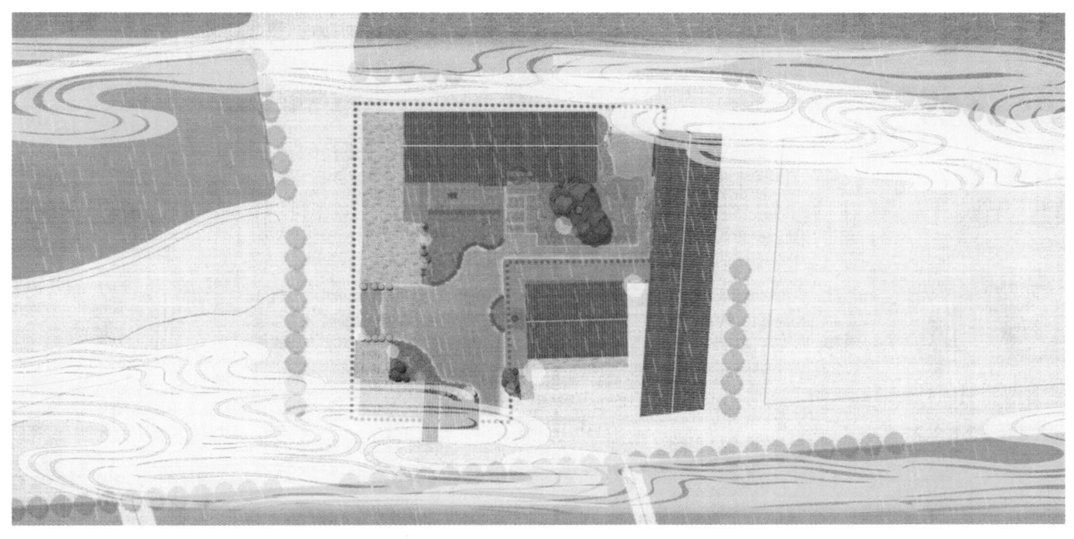

村苑总平面

西入口 ①条石入口 春种叠翠 ②梯田菜台 夏晒农场 ③洗手石台 ④捣臼体验 秋收冬藏 ⑤光坛小品 挂果藏香 ⑥酱坛景墙 营业空间 ⑦木桩石凳 ⑧树瓦景墙

夏林小憩 ⑨白茅草丘 ⑩树下围石 暖冬稻廊 ⑪风铃脱穗 ⑫农具景墙 北入口 ⑬入口景墙 滨河景墙 ⑭农事节气展示墙 沿街店铺 ⑮门头设计 南入口 ⑯瓦蝗树池

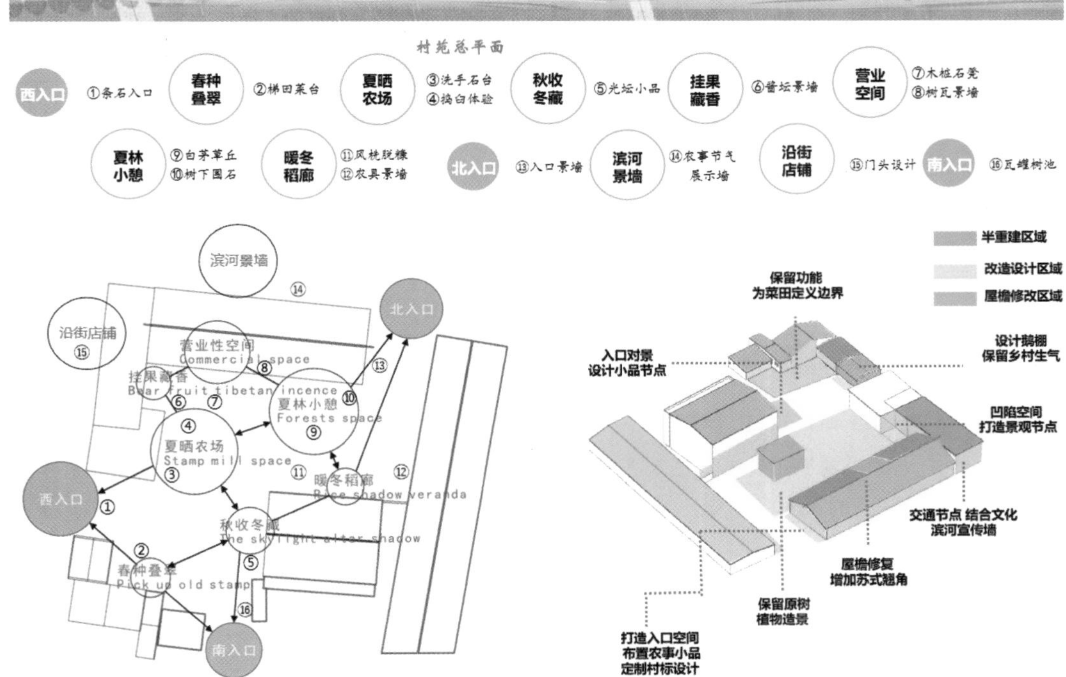

改造后轴测图展示

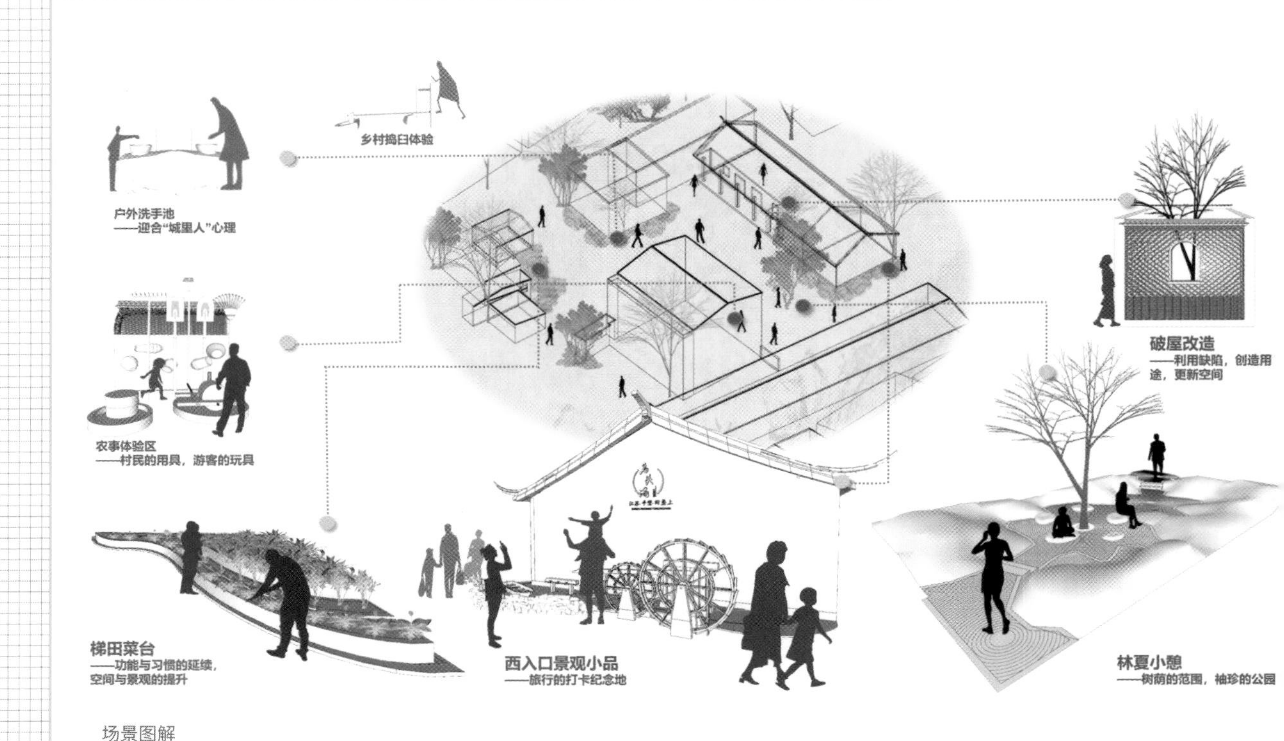

场景图解

项目亮点

满足村民使用要求。项目将在村内承担村民聚集的功能，可以成为农村的大锅流水席场地，同时可以举办乡村夏夜舞台、农村大讲堂等活动。场地意在为丰富村民日常生活与精神生活做出贡献。

兼容旅游发展。在未来将承担吸引长漾里游客流量的作用，可作为举办农货节、农产品体验节等活动的场地；同时可以吸引游客在此处举行篝火晚会、乡村绿色集市等活动。

春种叠翠　　农家小卖

店招设计　　林下空间

酱缸小院　　滨河景墙

团队感言

通过参加比赛与项目实施，我们体会到，落地一个设计方案需要的不仅仅是扎实的专业理论知识，还需要很多实践经验与现场沟通技巧。虽然每天很辛苦，投入了大量精力和时间，但是专业提升的喜悦按捺不住。设计对于乡村改造的介入目的以及影响方式，不应当是外在的乡村景观的美化，或是照搬照套、生硬地植入城市化的建筑、雕塑及景观形态。我们应该更加注重挖掘乡村特有的乡野自然元素和地方人文资源，发挥其积极作用，改善和提升乡村居民日常生活品质及公共空间所处的环境，提高基础公共设施的实际功能和美学品质。

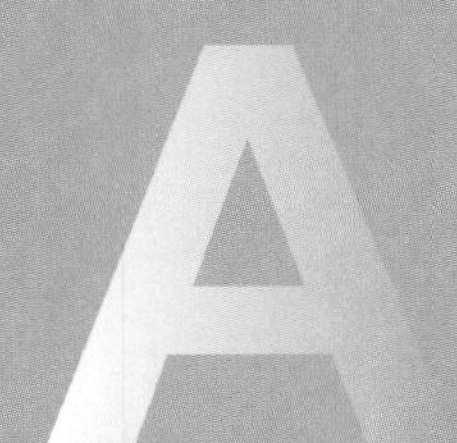

村之幸事 以田为望

参赛学校

浙江工商职业技术学院

学生团队

吴佳懿、徐亭亭、滕红萍、张艺瀚、周世烨、毛显格、孙杉杉

指导老师

李晶、李海燕、刘德来

获奖等级

第二届长三角大学生乡村振兴创意大赛·平望文化赋能空间专项赛金奖

项目概况

项目场地位于江苏省苏州市吴江区平望镇庙头村。地处长漾河文化街后方，原为当地村民种植的菜地，属于一个较独立的空间，虽与其他地块并无特别的关联，但位于稻田餐厅的正前方，适合打造网红打卡点与之呼应。

1. 梦想船屋
2. 爱心书屋
3. 创意景墙
4. 互动拓展

设计思路

整体性原则：地块位于“田园客厅在村上”的区域规划内，以田园康养旅居为特色，是集游客接待、文化交流、住宿休闲等功能为一体的田园客厅。利用这一地块优势，适合营造网红打卡点。

差异性原则：庙头港内已存在休闲区、观景区，缺少娱乐体验区。没有供儿童驻留的空间。

结合以上两点原则，设计要用“主客共享”新模式，给予孩童们更多灵动和幻想的空间，打造以儿童为主的色彩鲜艳的网红打卡点。虽然其间经历了场地的更换，但设计理念依旧不变。相比城市中的游乐设施，我们充分考虑“生于斯，长于斯”的本地生活方式，给予当地孩童一个更加开放、原生态的游玩场所。

项目亮点

形象 IP 设计

将当地村落最普遍的家畜作为主角，巧妙转换庙头总体布局规划所分出的 5 个区域（田园康养区、蚕桑文化体验区、四季水果采摘区、长漾渔乐休闲区、创意农业体验区）为绿、稻、渔、果、桑 5 大元素，并加以创作结合，形成可爱有趣的卡通 IP 形象，用亚克力板作为风格展示钉嵌在四周围栏上，增加有趣可爱的氛围。

绿之源

稻之源

渔之源

果之源

桑之源

梦想船屋

运河之上藏着美丽的秘密

运河，在其流水文化的熏陶下，将废弃的破船加以翻新，下铺设沙子，模拟船屋在海上向前航行的情景。大小色彩不同的热气球参差摆放于船尾，随船飘散。船象征着“家”，热气球象征着“希望”，不管“你”随风飘到何处，“家”永远都会是你航行的正确方向。设计借此景作为对孩童们的未来寄语。

爱心书屋

知识之下暗藏有趣童真

介于平望镇现建有“运河书屋”离村庄有一定的距离，不方便村民就地借书，规划在场地设立一个小型借书模范点。红色屋檐下蕴藏着对知识的渴望，搭配彩色木凳，给予村民休息的场所；一侧书屋为渲染童心童趣，在彩色凳上放置看书形象鸭，呼应团队为项目设计的 IP 形象。棒棒糖是每个小孩子童年里最快乐幸福的回忆，另一侧书屋周边摆放不同形状的粉白棒棒糖，营造一种甜蜜和开心的阅读氛围。

创意景墙

我们如此热爱平望

水波型景墙追随当下时代的热潮，转换诉说“我们如此热爱平望”，蕴藏着村民对平望这片土地的浓厚爱意；将孩童熟知的各种经典卡通形象绘制在陶罐上，不同角度交相摆放，侧倒出流水花海，简单有趣的同时传达出对平望绵绵不绝的爱意。

互动拓展

向往的青春可以是挑战的样子

将废弃老木板转变为宝，涂上 4 种不同色彩，结合传统麻绳，制成富有挑战性的摇摆桥，增加了空间的功能性，又为不同年龄的人提供了娱乐的体验感。

团队感言

在长达两三个月的施工时间里，我们不仅得到成长和提升，其间也遭遇了许多挑战——三改方案。第一次，团队场地因大赛组委会对方案的调整由原来的庭院式 A7 转换成了大面积田园的 A11 空间，面对状况，我们团队对方案进行了第一次的大规模调整。但没想到的是原有的 A11 空间因当地祭祖习俗出现了无法解决的问题，我们最初的设计方案无法在原空间场地实施，团队遭受了前所未有的重创，甚至队员们都无法相信这个事实。面对前所未有的挑战，团队陷入了低谷期，不知该如何面对自己当初参赛的初心，幸好经过村委和大赛组委会沟通协调，调换空间地块后，团队进行了第二次的方案修改。后来，又因为场地面积缩小、功能转变等原因造成第三次大修改。幸好，在整个过程中，我们始终没有放弃设计的初心，选择了迎难而上，为的是给当地的村民提供一个舒适的场所。项目完成后，很多村民前往场地体验摇摆桥，打卡拍照，并在隧道上留下自己的祝福心愿，这些都是给予团队的鼓励和肯定。

盔湖西院

参赛学校

浙江金华职业技术学院

学生团队

丁庞京、祝飞翔、陈俊杰、倪志鹏、陈俊蓉、马雯珏、季永琦

指导老师

周大坤、管广清、郑俊

获奖等级

第二届长三角大学生乡村振兴创意大赛·平望文化赋能空间专项赛金奖

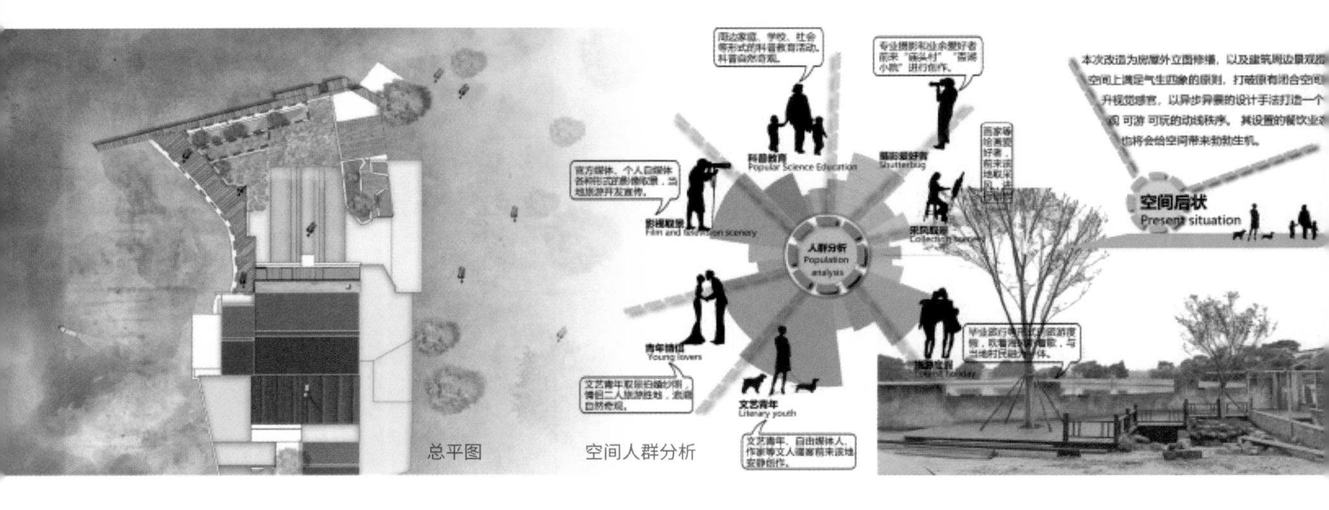

项目概况

项目场地位于江苏省苏州市吴江区平望镇庙头村盃湖桥旁田园综合体中养之源的葫芦基地，为面积约 500 平方米的一户普通民居庭院，场地内设计了园林景墙、休闲观赏、围炉煮茶等区域，以满足特色乡村产业及户主日常庭院休闲的功能需要。

项目思路

盃湖西院，概念源自项目的区位盃湖西畔，西院，则源自《西园雅集》文人雅士聚集之地。

设计结合空间餐饮业态置入，对空间进行人群分析。以一步一景的设计手法打造一个可观、可游、可玩的动线秩序， 以鱼樵耕读为文化主题。鱼樵耕读，即渔夫、樵夫、农夫与书生，是中国农耕社会 4 个比较重要的职业，代表了中国古代劳动人民的基本生活方式。经多次论证，最终我们将“鱼樵耕读”运用到空间设计中。

无用之用 方为大用

整体空间简洁素雅，运用移步换景造园手法，保留最原始的建筑风貌，不采用过于现代的材料来表现空间，经得起时间的沉淀，随着时间的流逝，空间也在岁月中流转。

气韵生发荷花池

原场址为户主家的牲口饲养地，紧挨河流，无合理规划，视觉感官较差。设计将河水引入庭院，收集村内的废石荒料错综放置构建“渭

效果图

水之滨”——荷花池。形成休闲驻足场所，赏锦鲤，观荷花，嬉流水，亦可在发展旅游业后置入儿童收费捞鱼体验项目。

设计将石、树、水、建筑巧妙地融为一体，让设计回归到自然、纯朴的艺术意境。

生机流动攀藤廊

原场址为蔬菜种植地，设计重新建构园林廊道，形成既可供行人行走又可供植物攀爬的镂空廊道。穿梭于绿茵间，偶得幽间境，遂忘尘俗心。

素帛墨香外摆区

制造一个使人驻足停留的场所，结合户主的功能需求，设计了一个既可自用也可商用的复合型空间，将此空间依托于荷花池之上，强化视听感受，与潺潺流水相伴，别有一番风趣。

荷花池 攀藤廊 素帛墨香

团队感言

我们在苏州平望的 5 个月旅程将一个平凡的庭院变成了避世绿洲，这是一次不可多得的经历，只言片语无法诉说我们内心的情感。我们团队由 7 位学生与 3 位指导老师组成，这个项目的每一个环节都倾注了我们的心血，结果充分说明了我们的努力。从去场地的第一天起，我们就设想做一个复合空间，一个自然与设计和谐共存的地方。我们花了大量的时间来规划、种植和制作，一路上也遇到了不少挑战，比如不可预测的恶劣天气和意外火灾，虽然坎坷，但我们还是互相陪伴到了最后一刻。每一次日出都见证转变的开始，每一次日落都提醒着我们所取得的进步。当我们完成这个项目时，团队的每一位成员都感到无比快乐。看到庭院从一片贫瘠的土地演变成一个充满活力、宁静的避风港，这是我们团队共同努力的结果。这将是我们永远珍惜的回忆，也是一个证明：当一群热爱设计、尊敬自然的人带着共同的愿景走到一起时，可以取得什么样的成就。最后，这个庭院不只是一个物理空间上的转变，它象征着我们的集体创造力和对业主许下的诺言的兑现。我们为我们所取得的成就感到无比自豪，我们希望它能给所有来访的人带来欢乐和灵感。

B08
笔耕梦田 水漾稻香
B07
柿·忆
B10
大地的艺术
B05
驿·生活
B04
如将不尽 以古为新
B12
静听雨 坐揽霞 夜观星
B01

B

平望茂才港村
MAOCAI PINGWANG
乡村人居环境建设实践
RURAL HABITAT ENVIRONMENT CONSTRUCTION PRACTICE

04

如将不尽　以古为新

■ **参赛学校**
中国美术学院

■ **学生团队**
杨畅、方雨轩、朱琳萱、赵成晟、李墨、李嘉怡、严婧丹

■ **指导老师**
舒怀、黄楚妮

■ **获奖等级**
第二届长三角大学生乡村振兴创意大赛·平望文化赋能空间专项赛银奖

项目概况

茂才港村位于平望镇西北部，村内房屋分布呈狭长条状；村子周边农田环绕，生活区块与工作区块界限鲜明。一条河流从中央穿村而过，首尾两端的窄桥连通两岸。B04 地块位于村子的中部，毗邻河流，正对码头，交通便利，全村人到达此处都很便捷；此处与临河的唯一一条大路相连，人流量较大。

设计思路

分析茂才港的自然环境、道路、产业和公私区域后，团队秉承乡村改造设计的整体性、现实性、持续性与美观性的原则，尽可能提高项目地块在村内的融合度，在设计私人庭院的同时，兼顾周边环境景观的美化。在力求创新的同时，充分考虑现有基础和当地文化，利用自然环境和乡土工法，就地取材，注重保持乡村风貌协调统一，形成独具特色的自由创意空间。

实现乡村振兴的核心和本质是在地化发展，资源发展机制要倾向于农村的在地发展。乡村振兴在地化的核心是发展要素回流，通过发现乡村价值，重估、输出乡村价值，在原有的基础上创造性地改变，保持原有的社会经济文化特征。故本项目在不干涉居民生活的前提下，对该区域进行村庄景观风貌的改造。将“共享空间”和“自由界面”等前沿设计概念与本土乡村文化进行融合，优势互补。在美化景观的同时兼具实用性，加强安全性，保留特色性，突出经济性。目标是合理使用公共场域，提高村民的生产生活积极性，创造出宜居新农村。

在地化发展

满足乡村社交需求

提升乡村景观

提升乡村人文创造性

项目亮点

村民共同参与、攻坚克难。设计对“村庄风貌提升”和人居环境舒适”两点进行了权衡，创造出一种将生活植入生产的新生活方式。村民对我们的态度也由一开始的抗拒质疑，到之后的热情欢迎，甚至主动参与到我们对空间的改造之中。在村民、村干部、大赛组的鼎力支持下，我们的项目才得以顺利进行。

西南侧船形廊架

·**地理方位**：西侧水岸，路人与垂钓者颇多；处于西南侧房屋前私人道路与沿河公共小路交界处，人流量较大

·**实地状况**：一片田地

·**功能**：可作为室内空间的对外延伸，将室内生活延伸至室外；体验生活中的趣味，设船形廊架，使游船仿若行于草浪之间，上有蒲团藤蔓；可作为观景场所，于船上观水岸，观麦浪，都恰到好处，享受自然与生活的惬意；亦可作为观赏物隔岸观船，也为水岸增添风景

田中景框

·**地理方位**：田地正中偏西，两户人家田地的分界线。正对东西两条大路

·**实地状况**：一堵砖墙

·**功能**：代替原有砖墙作为场域的划分，并将西边水乡与东边稻田二景框入画中

休憩区域置入观景平台

·**功能**：其作为休憩区域置入劳作场所，在实用上，考虑了村民在田中劳作后暂时休憩的需求；在美观上，使田园与观景台互作风景，增添了田园情趣，将生活与工作融合得恰到好处

东侧廊架凉亭

·**地理方位**：东朝麦地；处于东侧房屋前私人道路与公共大道的交界处，人流量大；常有村民长时间聚在此地站着闲聊

·**实地状况**：一片田地

·**功能**：可作为室内空间的对外延伸，将室内生活延伸至室外；可成为住户及路人躲风避雨的场所；可作为观景场所，将廊架的东面设成一个景框，将麦田风景框入檐下

休憩观景台　村民协助栽种植物

团队感言

这是一个极其难得的机会，使我们脑海里的空中楼阁有了落地的可能。参赛过程中遇到了许多优秀的同伴，我们相互学习；也遇到了平时根本没有机会认识的老师、专家，我们虚心讨教经验。从身心到意志，我们都得到了很大的锻炼。这次乡村工作经历，让我们真正认识到乡村工作开展之艰、推进之难、问题之繁复。众多默默无闻的乡村工作者，正怀抱满腔热忱投身在这片生机勃勃的土地上。经此一役，不少同学更是踌躇满志，期待毕业后成为乡村振兴队伍中的一员，为人民谋福祉，为乡村谋振兴，为民族谋复兴。

东侧廊架凉亭

驿·生活

乡村公共空间活化设计

参赛学校

安徽建筑大学

学生团队

张敏、潘杰、王玉蓉、张晓尧、黄铖昕、常佳

指导老师

冀凤全、左光之

获奖等级

第二届长三角大学生乡村振兴创意大赛·平望文化赋能空间专项赛铜奖

项目概况

项目场地位于苏州市吴江区平望镇溪岗村，场地北侧、东侧临水，左侧隔道路与麦田相望，南侧为居住场所。场地总面积约为 2000 平方米。规划在保证功能与生态的前提下，挖掘茂才港的文化、绿色可持续发展的价值，打造周边居民生活所需的滨水景观文化空间，为乡村振兴提供新动力。

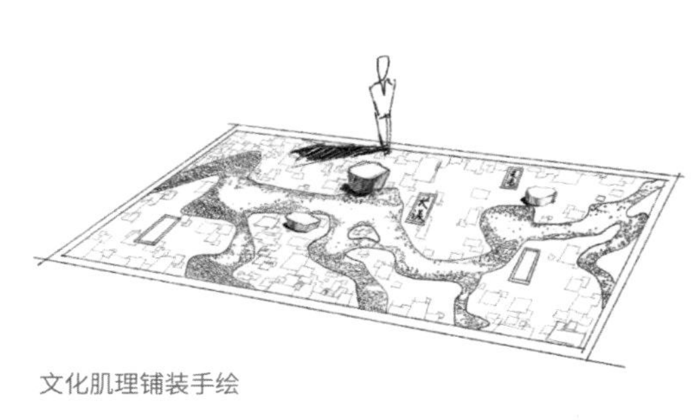

文化肌理铺装手绘

文字标识

驿·生活

生活驿站——生活的视觉定义。视觉上的符号与文字更能激发人的记忆，用一些标志性的符号来赋予场地独特的空间记忆。除了地图肌理的地面图案，还有文字化的标识。

设计思路

溪港村并无知名景点，村内更多的是留守的老人。村内河道遍布，给各家各户的交流形成了一定的阻隔，团队希望能为村内居民建立起生活联系，营造能交谈、活动且有一定文化意义的场所，创造一方在生活琐事中能停下脚步交谈的休憩空间。

团队将场地定义为乡村公共活动空间，旨在为邻里交流、历史记忆提供承载空间；为儿童、老人的活动提供生活驿站。针对村中人群类型对场地进行功能划分，并融入一定的文化元素。

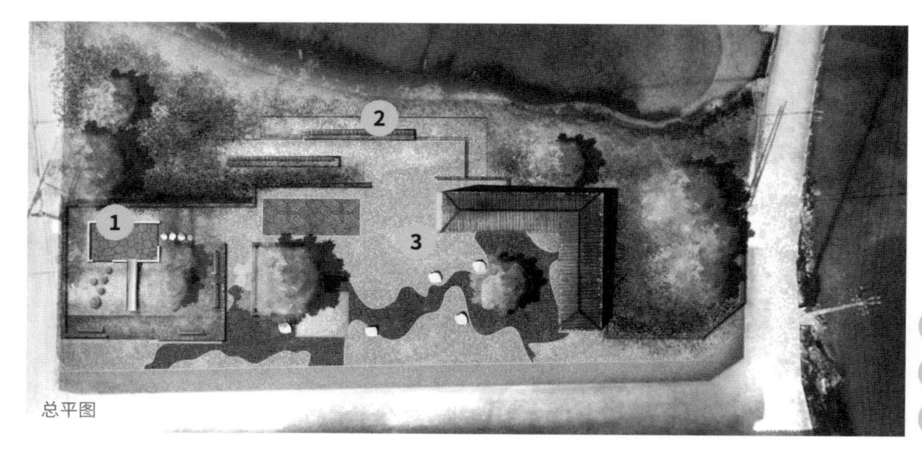

总平图

1 儿童基地

2 滨水空间

3 活动空间

项目亮点

动静结合的公共空间

设计将场地中心区域划分为动静结合的活动空间，“动”可在广场中追逐嬉戏，活动筋骨；“静”于夏季可在廊中休憩，于冬季亦可坐在场地散落的石块上享受阳光。场内种植了桂花、南天竹、月见草等常见植物。

文化凝练的肌理记忆

提炼水乡水系纹理，运用传统材料水洗石黑白对比地绘制在活动场地上，这是对场地固有记忆的记录。在廊架西侧，运用瓦片青砖等当地材料绘制场地名片。在这里，居民不仅可以看到风吹麦浪，还可感受到风吹茂才港的悠闲诗意。场地内文化的承载不仅仅是将场地的过去刻在场地上，更是让场地本身变成一种新的记忆。

亲子互动的共享基地

考虑到儿童的使用需求，在场地中设计了自然人造土坡，矮墙隔断为儿童活动提供了安全保障。矮墙的设计尺寸高低不等，在具有景观性的同时还可以为家长提供看护时的休息场所。

悠然自得的独坐观憩

滨水空间上结合灯光设置了一些休憩座椅。通过树木的遮蔽，在夏季，这里将是一处垂钓的好去处。

动静结合的广场公共空间

团队感言

在前期方案调整的过程中，我们便意识到了乡村设计与城市设计的不同。乡村设计要扎根到农民的日常生活中去，要从实践的角度出发，了解多种多样的乡村设计手法以及乡村材料的运用方式。项目施工环节则使我们了解到一个项目从无到有、从平整场地到定点放线再到基层铺设等一系列具体的工序及工艺。此行，受益匪浅。

原场地的廊亭　施工中的滨水平台

参赛学校
浙江工商大学

学生团队
庞璐琪、郑棋中、傅嘉艺、曹浩哲、厉海林

指导老师
徐清

获奖等级
第二届长三角大学生乡村振兴创意大赛·平望文化赋能空间专项赛金奖

柿·忆

项目概况

茂才港位于江苏省苏州市吴江区平望镇，历史悠久、风景秀美。B07 空间位于茂才港村尾，占地约 80 平方米，是西、北两户村民的公共庭院。场地附属建筑年久失修，庭院杂乱，土地利用率低，空间色调暗沉不协调，缺乏层次美感。村内家家户户门前都种植柿子树，团队以此为灵感，以“柿·忆”为设计主题，将柿·忆园作为庭院对外展示的窗口。

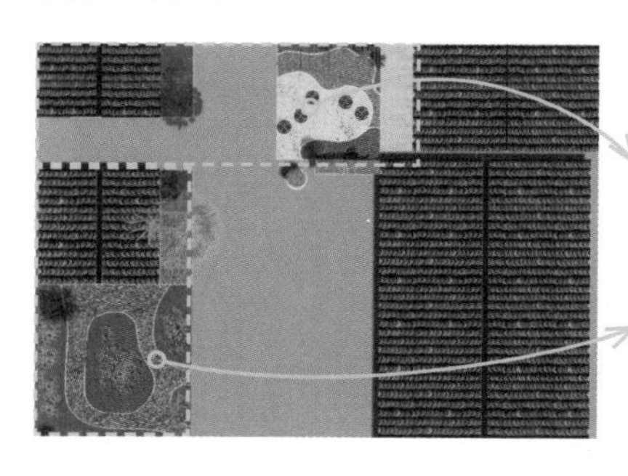

功能分区

闲·趣园：休闲功能
闲：悠闲 + 安静
趣：童趣 + 乡趣

柿·忆园：观赏功能
柿：柿树 + 柿景
忆：忆景 + 忆乡

设计思路

我们调查发现，当地青年外出务工居多，他们渐渐脱离了家乡的轨道，而留驻老人们则时常牵挂着这些离乡的青年人。由此，我们以“柿树”和“柿景”作为庭院设计的直观印象，融入运河文化、茂才文化和酱文化，赋予静物更多的情感内涵，让经过的人能通过柿树忆起童年往事，唤起归乡之情。

同时，设计遵循就地取材、节约利用以及修旧如旧三大原则，运用拆除或废旧的建筑材料构建契合周边环境的乡土空间特征。

墙绘丰富了空间层次，营造了氛围

项目亮点

“柿·忆”——从尘封到开启的转变

“古刹栖柿林，绿阴覆苍瓦。”柿子作为庭院设计的核心文化要素，在柿子树后安置柿影状的铁锈钢板。在光线的照射下，呈现出真影与虚实交错相生的视觉观感。树下的躺椅，是庭院主人回忆的重要呈现。

庭院改造。在庭院东侧搭建高矮错落的砖瓦矮墙，旧物利用满足了老人、小孩等不同年龄段的需求，并为往来人群提供品景观、话家常的场地。庭院中的小道以“柿”字的篆书为原型，呼应东侧墙面。墙面的设计保留了危房拆除的痕迹，并在周边延伸出柿树、柿子的墙绘，营造回忆气息。墙面中间设置空白木桩切片，为行人、儿童提供涂鸦空间，让他们在这里留下属于自己的回忆。墙面下方则为桃花墙绘，考虑平望的酱文化元素，将陶罐置于桃花根部，仿佛桃花正是从陶罐中延伸出来一般，为富有年代气息的墙面增添一股新的生命力。

“闲·趣”——从平面到立体的转变

闲趣园的这座红房子，因挖管道不慎破坏了房屋结构，在完工前10天房子坍塌了。后在村委和施工队的帮助下重建了房屋。应屋主的要求，团队在重建后的建筑外墙绘制了柿树与公鸡，呼应西侧的柿树以及东侧的公鸡。

利用竹子在西侧搭建花架，增添常青藤与柿子灯，遮阳、装饰花架下设置竹椅、木桌，方便乘凉、品饮。同时，运用瓦片和水泥造出柿子形状，并进行色彩绘制，打造具有回忆气息的柿子汀步。

在闲趣院的四周边角种植阔叶半枝莲、五彩椒以及绣球花等植物，运用破碎陶瓷罐等旧物，制造仿佛草从陶瓷缸中生长出来的观感，赋予园子新生机。

柿·忆墙　重建后的矮屋　闲趣园·归心花架　丰柿图　百草园·柿道　闲趣园·柿子汀步

团队感言

平望专项赛对我们团队来说都是一次非常特殊、有意义的经历，从地块的选择到方案的确定，再到项目的落成，历时近 6 个月。这 6 个月，有压力有动力，有快乐也有焦虑。在这一次比赛中，我们不仅仅学习到了专业知识，更多的是如何在各种现实问题下做好乡村设计；我们体会到只有实地落实才会发现校园里“纸上谈兵”的轻松。我们面对的是村民和农村，设计一定要从村民的角度出发，而不是将许许多多现代前卫的元素往里套，就像王澍说的那样：“我不是简单地去做乡村保护，我是带着感情，这差不多是中国文化最后可以被挽救的机会。”

B

平望茂才港村
MAOCAI PINGWANG
乡村人居环境建设实践
RURAL HABITAT ENVIRONMENT CONSTRUCTION PRACTICE

08

笔耕梦田 水漾稻香

参赛学校

浙江科技学院艺术设计学院

学生团队

吴天成、王虹、徐羽、杜杰迅、潘辰阳、王欣倩、胡琦琛

指导老师

宋晓青、阚蔚、傅隐鸿

获奖等级

第二届长三角大学生乡村振兴创意大赛·平望文化赋能空间专项赛金奖

项目概况

项目位于苏州市吴江区平望镇西北角的溪港村，本次改造的 B08 地块则位于溪港村最北端，是村庄的后花园，东北两面邻水，西面正对稻田，南面紧接建筑。场地内包含一座古桥，东面河岸被河流侵蚀坍塌，靠近建筑一侧布满荒草和凌乱的树丛。故项目改造的重点为河岸、菜地、林下空间。首先解决现存问题，其次加强它作为公共活动区的休闲活动功能，构建人文和自然融合的乡村景观。

设计思路

项目设计灵感源自溪港村的“韭溪八景”中“耕读夜泊”一景。根据场地现状和区域定位，结合当地居民依托河埠头和农业种植的生活生产方式，以“笔耕梦田，水漾稻香”为主旨，以“乡村赋能、文化融入、就地取材、实用经济”为设计出发点，把场地划分为 6 个区域，即以入口活动平台、亲水平台、菜地、林下空间为主，以屋后小道、观景台为辅，共同构成乡村“菜园花园相融合，水陆景观相呼应”的自然乡村景观。

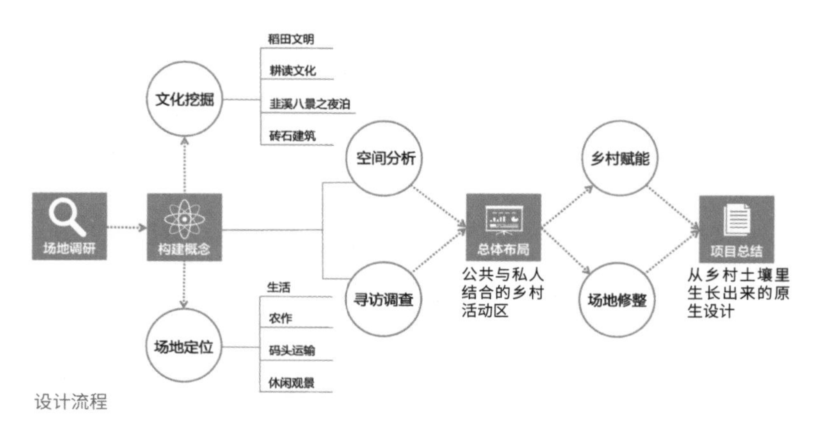

设计流程

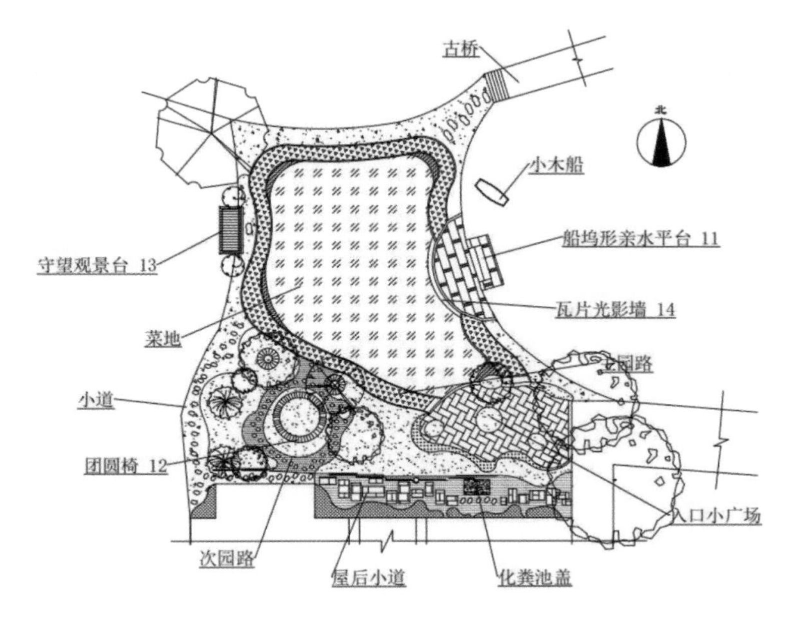

主 用 户：中老年村民

功能定位：村庄后花园
公共活动休息区

文化宣传

村民交流

亲子互动

集体活动

村民健身

功能配置

亲水平台与运谷船

入口改造前

入口

村民参与施工

特色景墙

游步道

景墙改造前

景墙改造中

游步道

菜园

景观小品

参与施工的村民

1 主入口
2 亲水平台
3 菜地
4 林下空间
5 游步道
6 农家后院入口
7 稻谷观景台
8 古桥
9 运谷船

项目亮点

入口

场地主入口位于村内主干道和新桥的交界处。铺装采用硬质铺装和草坪相结合的形式，提供一个小的入口活动场地。硬质铺装采用水泥和碎石混合的形式，造价低、透水性较好。硬质铺装场内包含 3 个以佛甲草为地被的红枫树池，运用小乔木形成一定的遮隐，增加空间层次和趣味性。草坪部分以马尼拉草为主，点缀午时花、波士顿蕨、千日红、鼠尾草、细叶针芒、月季、栀子等多种地被类植物，形成色彩、层次丰富的入口植物景观。

屋后小道

该场地建筑以外观简朴的两三层自建房为主。需要改造的庭院位于屋后，原为一片杂乱的碎石砖瓦和杂草，光照不足，环境潮湿阴暗且多蛇虫。设计对荒地进行修整，运用乡土植物做宅旁绿化，优化屋后活动空间尺度。同时，考虑到附近居民的出行需求，修建了一条兼顾实用与美观的屋后绿径。

新增的屋后小道与农户家后院的次入口直接相连，便于农户出行。铺设小道的碎石是村里多余的废弃建材，小道内的各类汀步也从村庄搜集而来。汀步造型古朴多样，别有一番趣味。该功能区将原荒地空间充分利用，为村民提供了便利，做到了“取之于村，用之于民”。

建筑墙基处设计了一块葫芦形态的佛甲草模纹的植物带，给村民带去“福”“禄”等美好祝愿；在建筑排水管口的下方做了流淌的水纹，象征傍水而居的文化传承源远流长。除了采用和入口对应的地被植物做配景，在转角处还选用耐阴性较好的绣球做主景树。建筑外立面用闲置的瓦片堆砌水波状景墙，景墙兼具储存瓦片和美化建筑外立面的功能。

林下空间

林下空间

林下空间原为杂乱无章的竹林树木，不仅会遮住屋主后窗光线，而且肆意生长的竹也会挡住屋后的道路。场地原有的 7 棵乔木围合成避暑遮阳的林下空间，空间中央由于树木的围合形成一个较为舒展的林荫环境，项目中将这块区域改造为可供休息围坐的林下空间。

清除竹林，在乔木围合的林下空间设计木制的环形包围式圆椅——团圆椅，椅子内侧开了一口，可满足家人朋友面对面围坐。朝外以观景，朝内以交流。团圆椅周围环绕小路与屋后小道及主园路贯通，形成了一个有天然荫庇的休闲区域。团圆椅底座材料为钢管，通过对钢管拉弯的工艺使其变成圆环状，18 根钢管焊接两圈环状钢管，构成了稳定的金属架构，上面座椅材料选用防腐木以保障用户冬夏使用也能有舒适的体感。同时，考虑到村内老人居多，将团圆椅高度设置为 45 厘米左右方便老人起身。7 棵围合的高大乔木提供了足够的林下庇荫空间，为乡村邻里乡亲之间饭后闲坐交谈提供了舒适的场地。

亲水平台

为展现“耕读夜泊”意境，设计从古桥“堰桥”与运谷船元素中抽象出驳岸的形态。亲水平台设置景墙、座椅与灯光，在平台上可赏景、阅读，

亲水平台

菜园

大大地丰富了当地村民的生活。由于该地块风较大，景墙采用了瓦片镂空拼接的本土工艺和纹样，在保证稳固性的同时融入了乡村特色文化。

河边设置的河埠头，可供垂钓、日常清洗等。考虑到该河段可能成为未来航道，河埠头增设了运谷船停靠点。驳岸边采用菖蒲等生长繁殖能力强的水生植物美化河道沿岸。

亲水平台设计施工从材料到做法，大多沿用了当地传统的材料和工艺；景观小品采用了“以新修旧，照旧补新”的方式。

菜园

设计尊重村民的意愿，保留原有场地中的菜地，满足村民种植需求。为解决村民之间存在的土地划分的纠纷，按菜地归属铺设园路划分区域，不但解决了归属权纠纷，而且方便了村民在田间行走。园路采用细石水泥砖和马尼拉草坪间隔排列，虚化园路的边界，保留菜地的整体感。

观景台

在场地西面，菜地和田野的交界处有近 1 米的落差，项目中采用防腐木搭建观景台，以两旁树木为框，借景广袤田野，设计一个休闲观景平台——饮茶、观日、赏月……

观景台

团队感言

好的乡村设计应当扎根于乡村的土壤，简而言之，也就是采用本土材料、本土施工手艺，建造和环境能融为一体的功能设施。来到乡村的设计师理应尊重乡村设计脉络，不仅要尊重村民的需求，也要尊重场地内自然形成的功能逻辑。乡村振兴未来的改造趋势，不应局限于雕琢精巧的庭院，也应当回归乡野的粗犷、原始的美。在未来的乡村改造、建设中，从村庄内部开始，由设计师引领，由村民自主参与，将更有助于共建美丽乡村。

参赛学校
浙江财经大学

学生团队
陈涵、陈俊遐、王臻、邓玲珑、吕可欣

指导老师
万如意

获奖等级
第二届长三角大学生乡村振兴创意大赛·平望文化赋能空间专项赛银奖

大地的艺术
筑梦溪港 稻映平望

项目概况

项目位于苏州市历史文化名村——溪港村，保留了传统的民居、历史遗留古建筑、依山带水的秀美水乡田园自然景观与独具特色的民风民俗。溪港村盛产水鲜、蚕桑、稻米，稻文化丰富。B10 地块，被 270° 稻田景色环绕，但场地内基础设施不足，缺乏乡野美感。

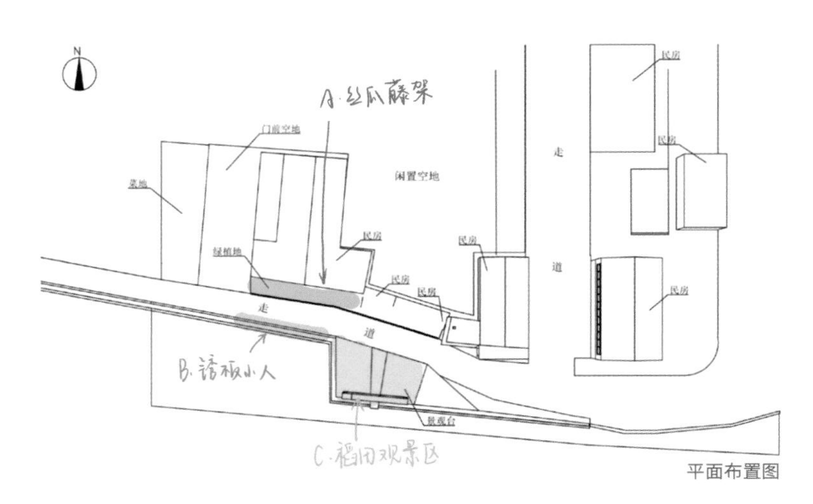

平面布置图

设计思路

聆听万物之声，探寻人与自然。

稻田，自然界的记录者，这一方规整的小天地，如同一个自然界的缩影，大到四季更迭、日落月升，小到微生物的新陈代谢、繁衍生息，都刻画在它的每一滴露水中，每一丝裂纹之上。

在快速发展的人类社会中，忙碌的生活、纷杂的信息洪流阻塞了人们聆听自然声音的感官，也缺失了沉淀自身的机会。

项目意在为想要探寻自然的朋友，打造一个聆听自然、感受自然的空间，传递这份稻田的自然笔记，以实景画框的形式辅以丝瓜藤架与锈板人形装置，实时呈现自然的每一分变化，帮助探寻人与自然间千丝万缕的联系。

设计亮点

稻田景观平台

设计打造稻田“一框二座三景看四季”的田园景观，以悠闲舒适作为设计主旨，顺应人与自然和谐共处的发展理念，在原有自然风光之上，增添一份小创意。景框之中，景致四季轮转，麦收稻种，稻去冬来，冬去春醒，日复一日，年复一年，对于大自然而言，这些变化不过沧海一粟，

周而复始，生生不息。于人而言，四季一转便是年岁一长，景框中相对的座位犹如一面时间的镜子。座位的这头是鬓发斑白的年长者，而在那头的或许仍是朝气蓬勃的少年人模样，抑或是这头的乡间人与那头的外来客，映照着两种不一样的生活与人生。但无论是年长者，抑或是少年人，还是乡间人与外来客，抛去附属的物质条件，保留纯粹的一个“人”，坐在这里，大家都仅仅是大自然的欣赏者，慢慢感受时间流转的痕迹，听耳畔风拂过麦浪的声音，沉淀内心，独享一份乡间赏景的愉悦好心情。

草地铺设

周围村民提出，想要一个可以休息活动的院子。为满足这层需求，团队在稻田观景区栈道周围的空地上铺设草坪。根据农用土地性质，选择了硬化方案，并以太阳能蘑菇灯进行点缀，根据村民所提出的需求打造可供休闲活动的院景，同时为观景区框景主体做点缀。

锈板人形装置

溪港村地理位置较为偏僻，村里人口大多为老年人，到了周末，家中的孙辈会回村陪伴老人，团队由此出发，考虑增强景观点的娱乐性，设置“萌趣”锈板人形装置——葫芦状的小人外形轮廓，结合农民生活形象，得到了抓蝴蝶、聊天、干完农活休息、哼小曲、抱罐头的形象。镂空的锈板设计使景观与田野融为一体，从而成为村民观赏的好去处，也成为拍照打卡的好地方。

丝瓜藤架

村民需要种菜，设计搭建一个丝瓜藤架。因多个建筑高低错落，而搭出的廊架隐去了一个转角，使得立面在视觉上更有层次。当丝瓜或是爬藤植物蜿蜒爬上藤架时，与建筑物的大白墙一映照，此处也成为村里的一处自然景观。

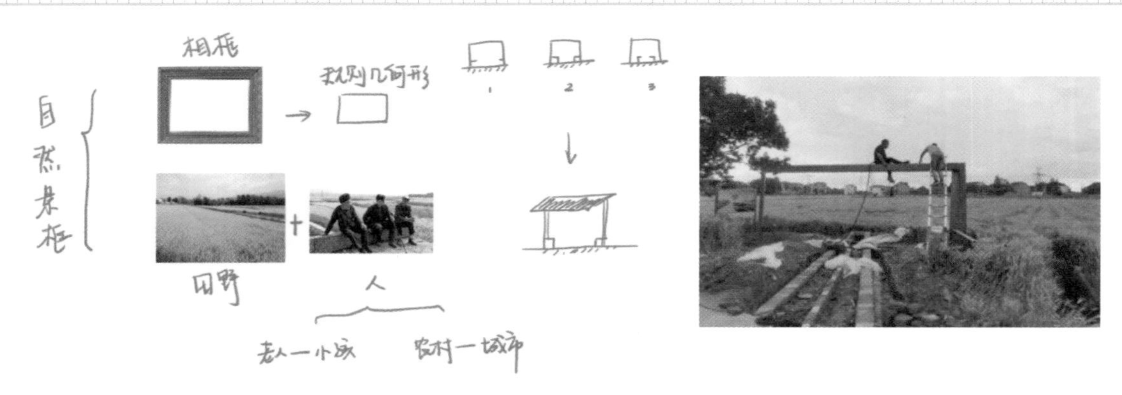

1 **框：** 稻田景框的设计采用不规整的梯形框架结构，以几何形体分割 B10 稻田空间，将成片的稻田景致框选出特色部分，给赏景人打造最佳的观景角度。

2 **座：** 景框中设置两个相对的座位。在赏景与旅行打卡的基础之上，引发赏景人对“时间”话题的思考。

3 **景：** 一为过往路人视角下的景框效果；二为赏景人群视角中景框的效果；三则为稻田耕作人群视角下的景框效果。

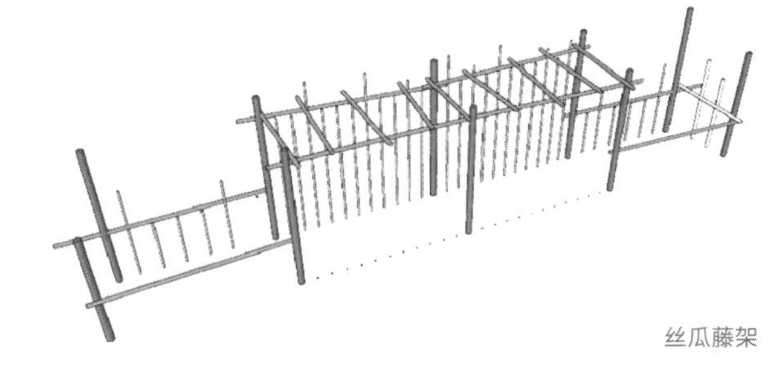

丝瓜藤架

“萌趣”锈板人形装置

团队感言

从参加乡村振兴大赛开始到项目落地，我们经历了许多以前不曾接触过的事物，从中学到很多课堂中接触不到的知识。项目的圆满完成离不开施工师傅和村民们的努力与帮助，感恩相遇。这将是我们在未来学习生活中一次难忘的体验与经历，B10 团队的每一位小伙伴也将在此之后，怀着对乡村振兴的这份初心与热情，砥砺前行。

平望茂才港村
MAOCAI PINGWANG
乡村人居环境建设实践
RURAL HABITAT ENVIRONMENT CONSTRUCTION PRACTICE

12

静听雨 坐揽霞 夜观星

雨落院听静，诗画入茂才

■ 参赛学校
浙江师范大学行知学院

■ 学生团队
陈家杰、胡逸阳、黄建成、李柯树、石华铖、陈倩、韩钲莹

■ 指导老师
孙攀、夏盛品、余亚明

■ 获奖等级
第二届长三角大学生乡村振兴创意大赛·平望文化赋能空间专项赛金奖

项目概况

项目位于平望镇溪港村茂才港的入村口，场地原为临河的一处违建的小厕所和鸡圈。场地面积小，外墙立面、空间杂乱不统一。作为全村风貌的首张名片，场地需要整合统一空间和环境，以发扬村庄的特点，营造全村的亮点。

设计思路

在某个勘察现场的夜晚，偶尔听到场地的一片蛙声，故规划保留这份恬静，维持这份普通的美好。同时，随着建党百年之日的临近，设计“夜观星”，赋予其双重含义，并拓展为五角星。乡村振兴不仅仅是修复，更多的是注入，用乡村的肌理展现新时代的精神。

项目亮点

梳理场地空间，构建美丽环境，就地取材，使场地和谐融入村庄的风貌。

和谐统一

修缮老旧的矮房，包括旧屋顶，锈烂的屋檐立柱；渗水墙面重新刷漆，廊下做竹栏杆。在村内收集老旧石板、水泥板，用来铺装原有鸡圈的荒地，并搭建一个瓜棚，同时兼顾纳凉休憩的功能。亦为村民的交流场地，以此提升村内凝聚力。

党建引领和献礼

随着建党百年之日的临近，我们为“夜观星”赋予了双重含义，延伸“星”的概念，拓展为五角星。在对外的位置设计了一个“红星”装置建筑。这一独特造型吸引了村内老党员前来签名留念，为村内党建活动开展提供了一个迷你室外场所。

个性化空间的营造

在保持乡村固有的韵味的同时大胆融入新的创意，大部分材料为村内到处可见的本土材料，显现出乡村建设最重要的乡土性。

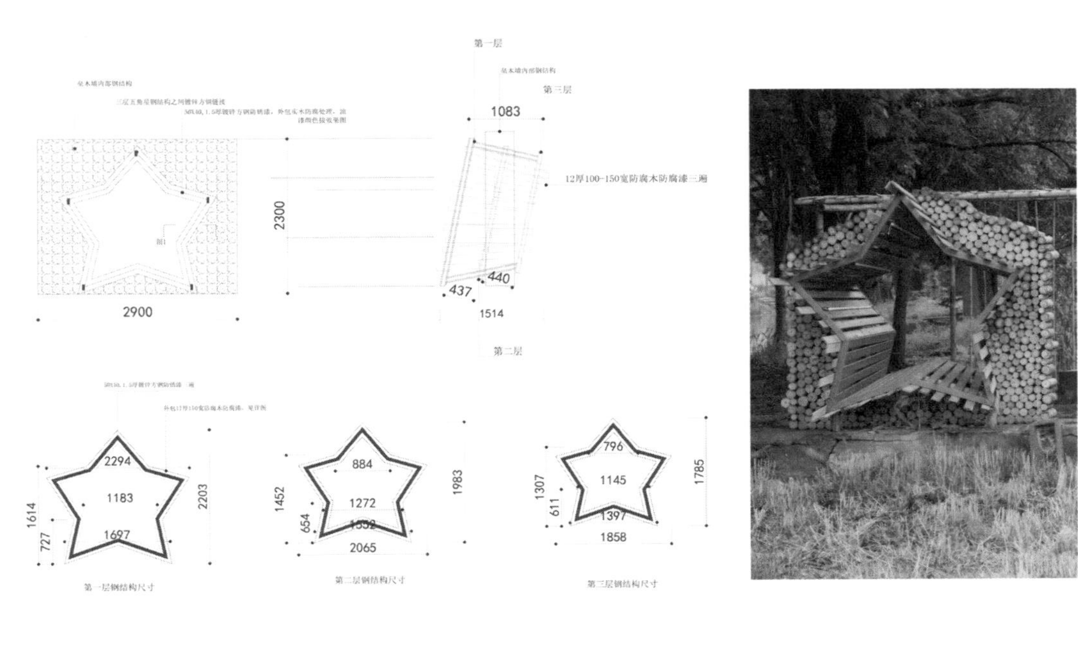
第一层
第三层
第二层
1083
2300
2900
437
440
1514
12厚100-150宽防腐木防腐漆三遍
2294
1183
1697
1614
727
2203
884
1272
2065
1452
654
1983
796
1145
1397
1858
1307
611
1785
第一层钢结构尺寸
第二层钢结构尺寸
第三层钢结构尺寸

静听雨
坐揽霞
夜观星

团队感言

施工良久，有喜，有忧，有苦，有甜，有妥协也有坚持…… 乡村振兴，振兴的是乡村，也是人，是村里的老人、小孩，也是我们每一个人。只有扎根于这方土地，才能做出真正符合需求的设计。只有这样设计，才能走进村民的心里。村民在场地的驻留，就是对我们的一种肯定。通过比赛，我们更了解乡村，掌握了乡村景观规划设计的实践和课堂理论之间的区别。

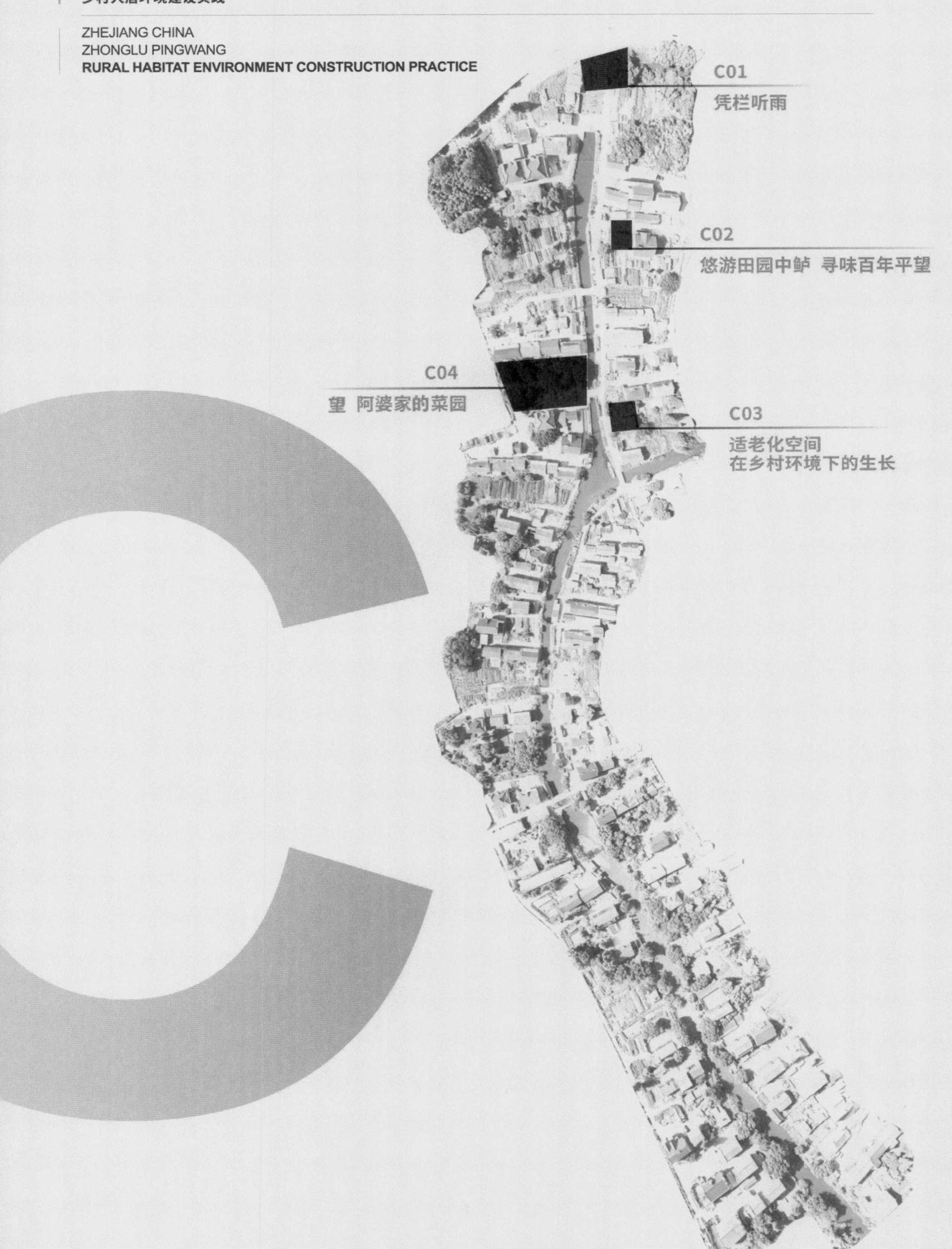
C01
凭栏听雨
C02
悠游田园中鲈 寻味百年平望
C04
望 阿婆家的菜园
C03
适老化空间
在乡村环境下的生长

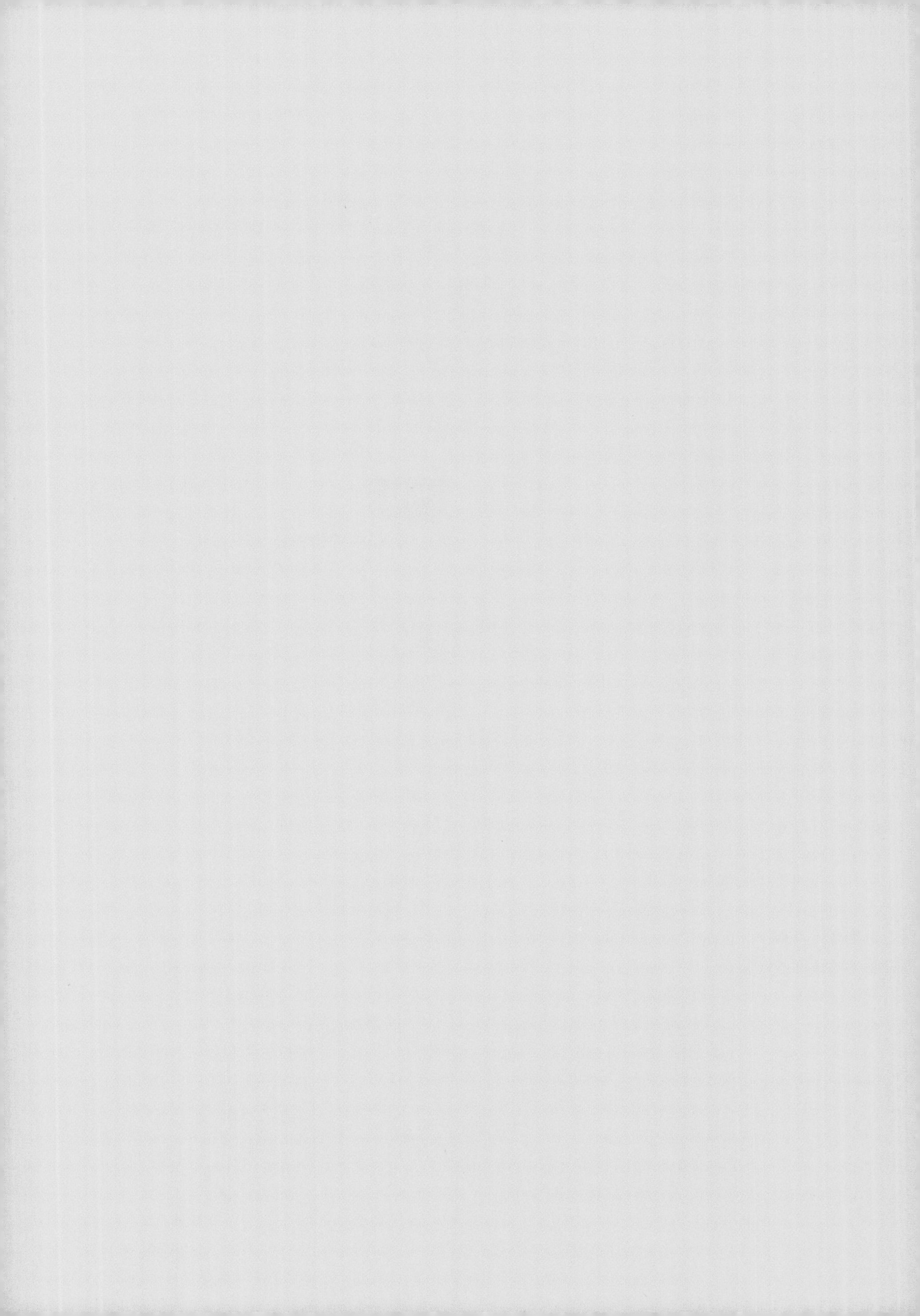

平望中鲈村
ZHONGLU PINGWANG
乡村人居环境建设实践
RURAL HABITAT ENVIRONMENT CONSTRUCTION PRACTICE

01

凭栏听雨

参赛学校
同济大学浙江学院

学生团队
刘成明、姚轶锴、陆宇华、魏睿、宁洁、杨佳琰、闻晨昕

指导老师
罗兰、章瑾、司舵

获奖等级
第二届长三角大学生乡村振兴创意大赛·平望文化赋能空间专项赛银奖

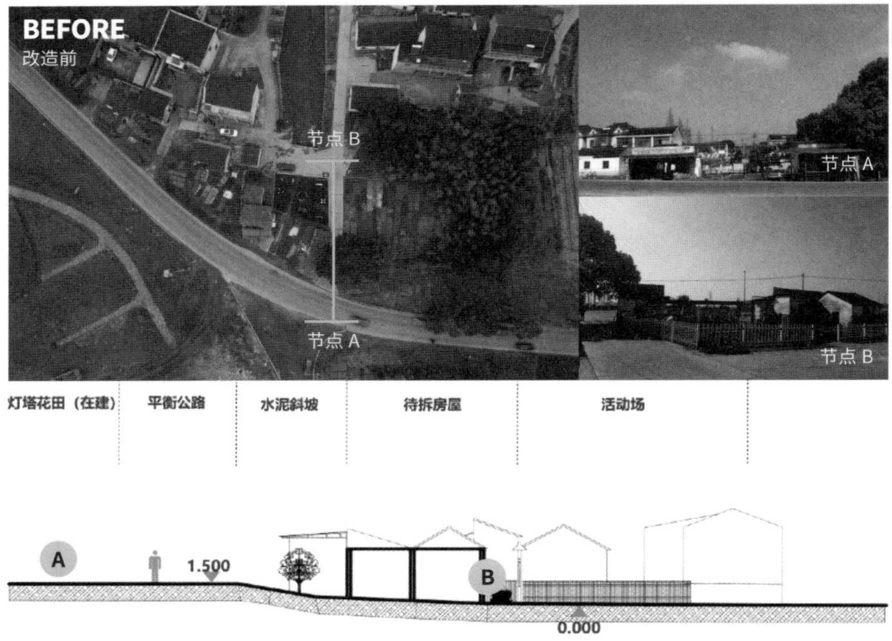

基地状况

项目概况

中鲈村位于苏州市吴江区平望镇。水是当地的重要文化特征，在上位规划的统筹下，中鲈村位于共享农庄休闲区与运蒲生态创意区的边界处，以打造三星级康居乡村为发展目标。C01 场地位于村口空间，不仅兼具村口门面功能，同时还是省级运河十景战略框架下的组成部分，因此村口场地的打造规划，对乡村人居环境的提升，对未来村镇的文旅发展都是不可或缺的重要一环。

创意主旨

方案立足于地域文化，通过辐射式空间组合法，确定空间活力中心，以围绕中心功能展开的场景布置，再用步道引导，持续强化空间重点，在中心点建构特色标识构件，打造富含地域文化特征的村口景观空间。

设计基于生态和谐的角度，贯彻“微更新”以及“雨水花园”理念，在不改变场地原生态环境的情况下，设计上尽可能做“减法”来降低可能存在的施工污染风险。

廊架：半隔断，村内外交互空间

村牌：村口标志

树下空间：日常交流

总平图与功能分析

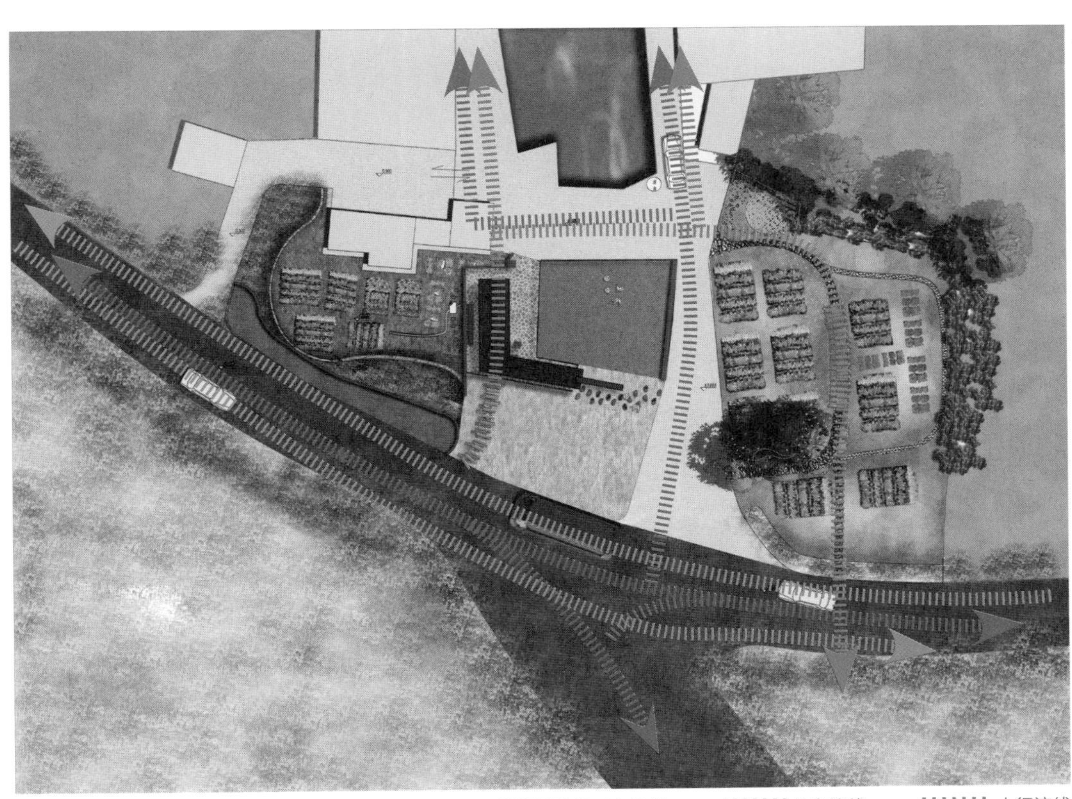

机动车流线　公交流线　人行流线

项目亮点

辐射式空间布局

以不同性质的土地为标准将场地划分成软质与硬质两块，并以健身场地为中心展开设计，运用辐射式空间组合法，定位健身区活动场为中心活力区，在活动场周边设置服务于健身区的休闲空间，铺设一条与平衡线平行布置的 1.5 米宽的通道。通道布置在村标的南侧，基础由素土夯实再经混凝土浇筑，上方铺设碎石，用大理石面砖封边，通道上搭建廊架，廊下设置文化景墙跟休憩座凳，满足活动场人群聚集休憩、遮风避雨的需求。

廊架跟平衡线中间地带保留软质场地功能，利用植物景观进行分割。将进出村人车流进行分流，设置汀步引导村民游客出入村。5 米高的村牌由红砖建构，南北两面不同的铺地材质区分出村落跟自然的边界。村前港村口东侧的 4 棵樟树，已经扎根当地数十年，一直是引导村民们方向的标志。设计保留樟树，根据适地适树的景观设计原则，平整泥泞的道路，设置座凳，每个座基约 20 厘米 ×40 厘米，供 2~4 人同时使用，保留了树种根部的呼吸空间。

雨水花园的理论实践

大面积保留场地原生态土地，平衡线以南的软质土地上配置植物，增强场地蓄水能力，防尘降噪。高处的雨水将汇聚流至花圃，同时在标高低位预埋管道，增设暗渠，防止泥沙流进活动场地，保证了美观性，硬铺空间高于素土层 15 厘米，场地边界明确，干湿分离，不易产生积水。

设置雨水花园，用于截断公路路面排水带下的淤泥，避免在活动场地形成堆积，影响环境。同时，利用高差，将水排至设置的雨水花园

景观风貌有机统一

村口直面运蒲花园，村口景观修复在宣传当地文化的同时，也需要处理好新与旧的交接，与时俱进。设计注重空间的可持续发展，在动态演变的室外公共空间，少保养、多使用将会成为常态，因此使用烤漆的不锈钢建材代替木材构件作为连廊的材料，耐磨防锈。植物的选取上参考对面的景观花海，实现地域风貌的有机统一。

乔灌村口保留了原有的 4 棵樟树，并配置了本土树种。入口西侧的绿地上种植了紫薇、石楠、鸡爪槭和苏铁，其间零散点缀了黄杨、福禄考、毛鹃等植物，提高了植物种类多样性。村标周围栽植绣球、月季、蔓长春等花草，以提亮空间色彩。

村口立面景观设计——粉墙黛瓦

村口立面景观设计，从场地的整体性跟原真性出发，汲取吴冠中笔下水墨江南的独特韵味作为设计灵感，连廊跟村标的轮廓线，与村内起伏连绵的房屋，以三成组，形成了一道崭新的村口景观天际线，双坡屋面的廊跟牌，保留了历史文化的同时很好地适应了当地多雨气候。

村口指示牌的设计结合了当地文化符号，以层叠的“波浪”，前后错落布置，实墙跟格栅的虚实对比，丰富了村标的视觉层次跟纵深感。在村牌后方，绘制立体墙绘，以展示中鲈村的新时代风貌。廊架旁设置了一长 3 米、高 2.4 米的文化宣传景墙。

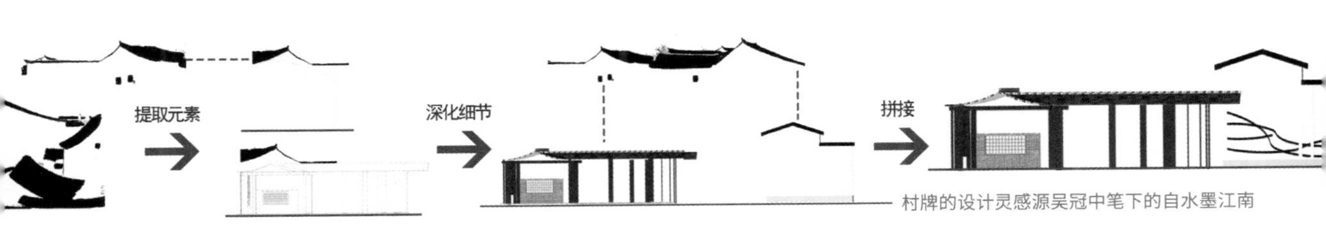

村牌的设计灵感源吴冠中笔下的自水墨江南

团队感言

项目竣工后一个多月，被拆除的小卖部的户主赵爷爷，推着小车，坐在建成的连廊内，依旧在售卖零食、饮料；活动场地每天都被打扫得干干净净的，每逢黄昏，总有一群放学的小朋友来嬉戏；车来车往，拂面的风摇动紫薇的叶片和含苞的花蕊；太阳轻垂，落日的余晖散落在泥土上、汀步上，洒在万物间。那些曾在这里埋下的期待与希望，都会在未来的某一天开花结果，而这段栩栩如生的日子也会伴随我们每一个参与其中的人，走向更远的地方。

02

悠游田园中鲈
寻味百年平望

参赛学校
浙江同济科技职业学院

学生团队
奚琳璐、金家炜、陈旭辉、姚冠韬、陈旭炎、赵玉香、丁文瑾

指导老师
陆叶、傅丹侠、刘钰

获奖等级
第二届长三角大学生乡村振兴创意大赛·平望文化赋能空间专项赛金奖

项目概况

项目位于中鲈村南侧入口附近。地块南侧为民居，北侧为农田，西侧有河流，是村南人流途经的节点。地块拥有良好的区位优势，可作为旅游及乡村产业振兴的重要空间。因此，设计以传承文化、提升产业、促进旅游为目标，规划设计传统特色产业体验馆和田园主题民宿。根据竞赛统筹安排，本次设计重点打造和完成的是地块中的景观和庭院设计。民宿的室内和生产工艺改造纳入二期实施。

创意主旨 为承袭文脉，团队调研大量平望历史文化，锁定非物质文化遗产项目——薄荷糕，并以此为出发点。据传乾隆皇帝下江南经过平望时，对平望的薄荷糕赞不绝口，并为其题名“冰雪糕”。这一特色糕点至今依然是平望乡村产业的重要部分。项目就以传承冰雪糕渊源典故、打造产业和旅游空间为目标，设计建造乡野田趣体验空间。

一、二期全景设计

项目亮点

规划打造充满乡村野趣的冰雪糕体验馆，主要分为两大功能和三组空间。一部分是冰雪糕的生产、体验、销售和历史文化展示。同时借力生产体验产业，促进旅游发展，配套规划一个乡村民宿，并建设一个民宿休憩活动空间。

A 区：文化宣传展示区

A 区是村民人流的重要经过节点，为建设传承冰雪糕渊源典故的乡村野趣体验空间，选择 A 区作为文化宣传展示区。在此，设计五个节点，以冰雪糕文化展示为主，庭院内布置冰雪糕材料、工艺展示柜，并辅以景观花箱。墙面介绍冰雪糕传统文化工艺制作及体验流程，并装饰工艺雕塑。南面建筑设计为冰雪糕制作区，作为生产体验馆。

B 区：冰雪糕零售馆

为促特色产品的销售，将 B 区小屋改造为冰雪糕零售馆。对 B 区域内的菜田进行产业化改造，种植用于制作冰雪糕的薄荷草。古井是庭院内重要的历史文化遗存，采用当地条石、蘑菇石铺地，设计为重要的景观节点。零售馆前设置售卖休憩区，以干景、盆栽、座凳等青砖石布置为主。内外庭院的交界处种植一棵柿子树作为主景树。

C 区：温馨民宿

A、B 区是为冰雪糕体验馆而设的动区，C 区则是为民宿而造的静区。C 区域原有建筑，因产权置换等，在此次建设中拆除。团队将此空地打造成特色民宿，以促进旅游产业升级，并设计一个充满温馨、田园野趣的休憩活动空间。东侧设计纳凉葡萄花架，营造一处喝茶休憩空间；西侧设计儿童活动的秋千，中间布置亲子嬉戏的活动场地。

总平面图

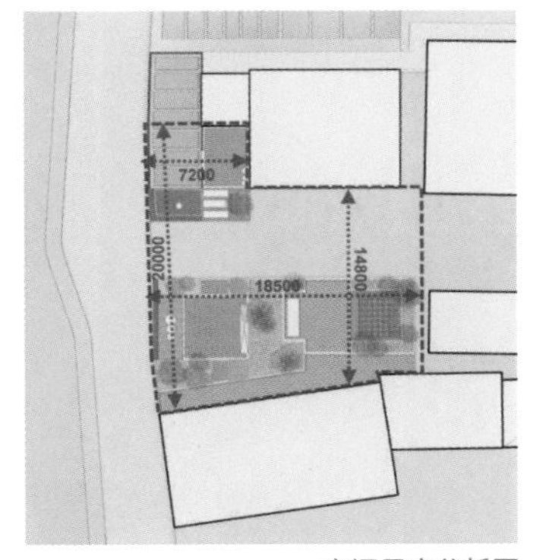

空间尺度分析图

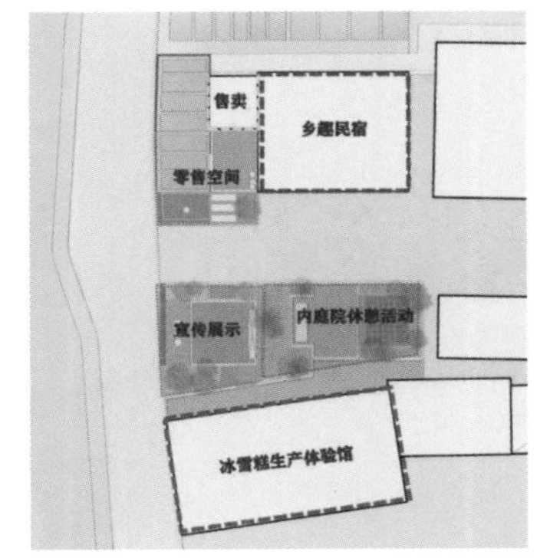

功能分析图

功能分析图

景观节点分析图

植物配置分析图

A区：文化宣传展示区

1. 薄荷草田
2. 冰雪糕零售馆前院
3. 古井文化展示区
4. 主景树

B区：冰雪糕零售馆

5. 冰雪糕文化展示区
6. 冰雪糕材料、工法展示区
7. 迎宾景观面
8. 冰雪糕制作展示区

C区：温馨民宿

9. 庭院活动区
10. 庭院休憩区

一期完成的庭院与景观设计

团队感言

155 天的实践是一段历练，更是一次成长。项目前后 4 轮方案，每一次因客观条件变化而做出调整都是一次磨砺。施工开始后，开工第二天就被告知所设计建筑已被纳入拆除计划；在项目预算执行尚不到 20% 时接到通知：“用地内建筑拆除和周边市政管网整改费用需纳入地块经费预算。总额现已超标，后续可能不再支付建设费用。”这些都给项目的开展与建设带来了很大的挑战，但我们选择了坚持。最终，以圆满的成果，实现了庭院完美的绽放，更成就了团队的一次蝶变成长。

适老化空间在乡村环境下的生长

参赛学校
中国美术学院

指导老师
姜珺、王志磊、李诗琪

学生团队
王乐天、雷振杰、王艺潼、谭慧、张雨洋、李晓泷

获奖等级
第二届长三角大学生乡村振兴创意大赛·平望文化赋能空间专项赛金奖

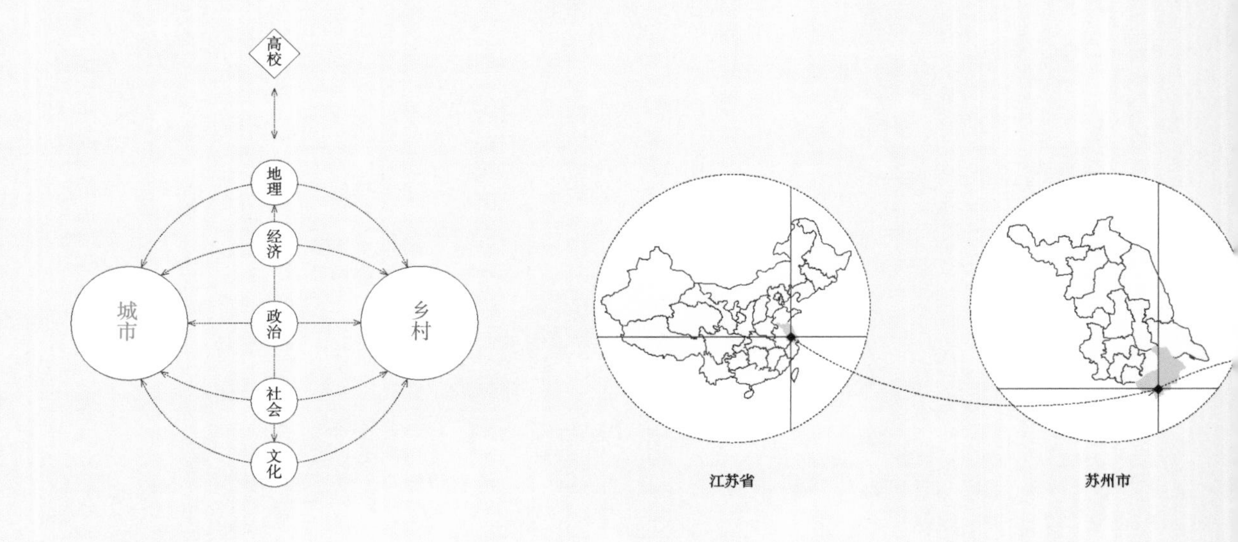

项目概况

中鲈村村前港坐落于江苏省苏州市平望镇接近苏州运河的开阔平地处。位于其中的 C03 场地占地面积约为 225 平方米，是一处沿河的两居两院。房屋的空间布局以及建筑结构保留村镇的统一特色。其中由两座两层民居围合的庭院面积略大于建筑面积，民居西侧均带有一间耳房。 除去混凝土空地与道路隔断之外，庭院当前被划分为禽类养殖区和蔬菜种植区。与附近其他院落一样，这处庭院隐匿于空心化、老龄化严重的村镇之中。

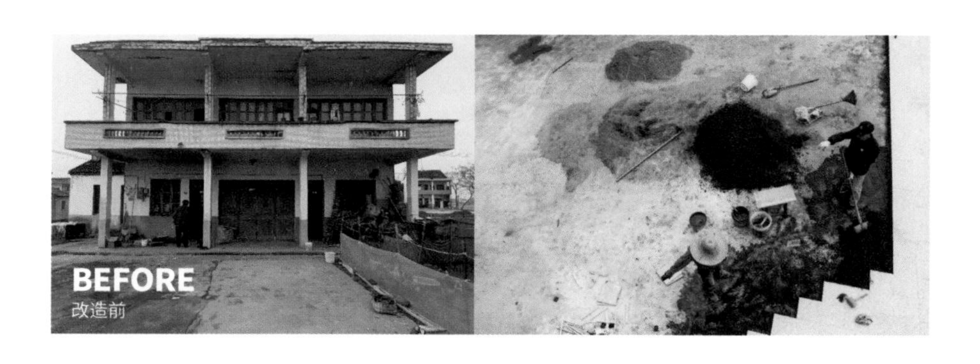

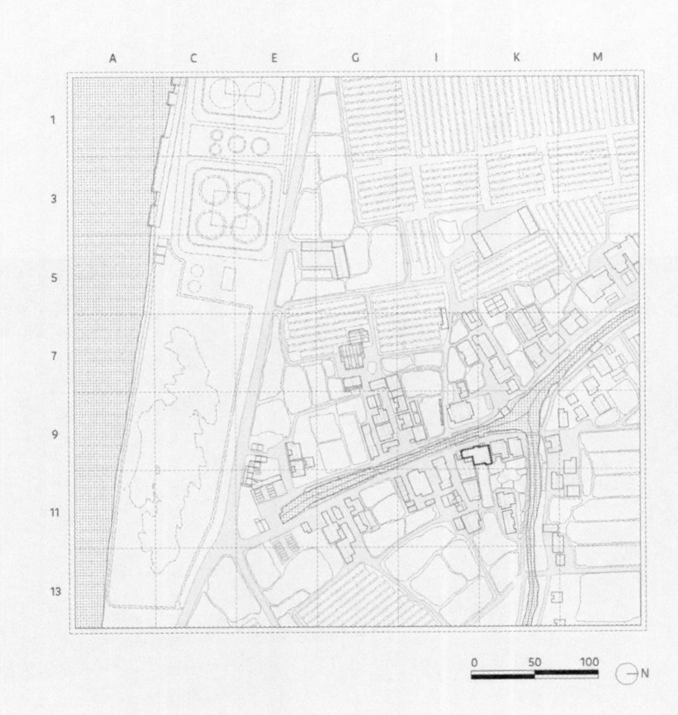

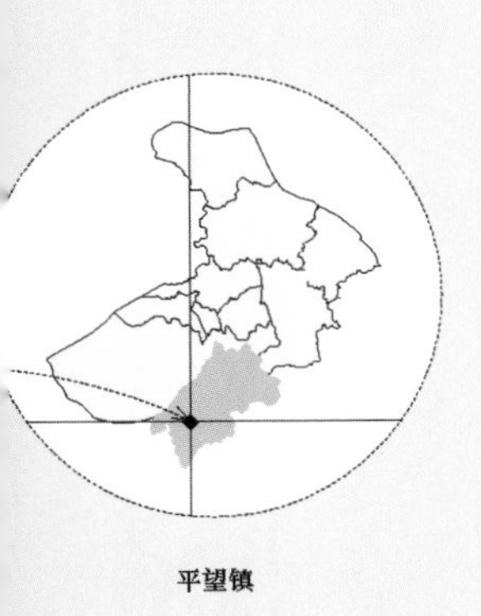

平望镇

创意主旨

这个地块土地产权的复杂性几度影响了设计项目的方向和进程。经过数次调整之后，团队决定将目光聚焦于村落内的公共空间。显然人口老龄化及空心化，对于乡镇公共空间的影响是最为直接的。传统街巷空间是社会活动发生的场所，其设计品质直接影响到老年群体生活休闲、邻里关系的质量。目前各方所倡导的“文化遗产”“景观规划”“艺术表达”“村居改造”等并不都能一股脑儿地用到每个村落，而且随着时间的推移，乡村改造面临的境地愈加多元，不同基础的乡村在“改造”的过程中的接受度也有巨大差异。

由此看来，相比于规划高度完善的城市而言，乡村的户外空间是由多条巷陌穿插和树林、野地、荒山、湖泊等形成的一个比较大的留白空地。由地理、交通、制度等因素主导产生了一些随机、复杂的村庄面貌，其中的部分元素的功能性往往是模糊且穿插重复的，但街道有机形态和空间关系仍然存在着潜藏的逻辑。中鲈村空间的走向趋势以村内河流为主导。按照“河道一街道一庭院一室内”的空间序列排列衍生。按照原本的空间网络结构，挑选出具有代表性的空间单元模块。这些节点之间可以单独运作，并促成新的社会活动来重新激活周围的空间，在潜移默化中改变老人的生活习惯和日常行动路线。其作用不仅是空间景观，也是社会活动的载体。

效果图

项目亮点

终版方案主要通过廊道、庭院与沉院之间的高低差制造空间感，重点打造树下休憩空间与沉院的关系。两个“L”形的廊道，在使外围空间开放的同时，仍保留了树下空间的私密性，成为一个可供村民们放松休憩的公共场所，撬开院落之间的固有隔阂，激发更多的交流和社会行为。这三部分空间均通过不同的铺装方式进行区分。如廊架底部的铺装就有别于主庭院，砖与砖之间的空隙可以供草皮生长，而沉院采用的密瓦立铺方式，是为了用最简便朴素的语言进一步贴近乡村环境。廊架的材质选择采用原木清漆，以保留其最原始的样貌状态。院落中除了廊架以外所有的木构件、室外小灯、花箱、座椅均由团队自主设计与调配，均采用了独特的“两根夹一根”的双立柱造型，在构件上保留了独特性和延展性，同时团队也巧妙地将灯条隐藏在廊道转折的 22 根立柱中夹缝的凹槽处，设定按照作息自动亮灭，更好地满足村民夜晚对灯光的需求。

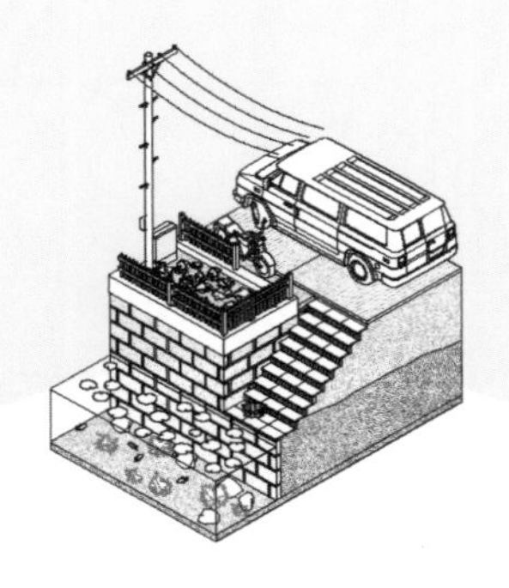

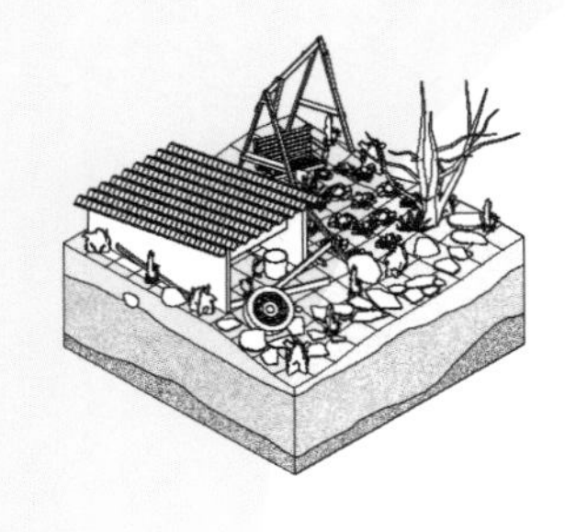

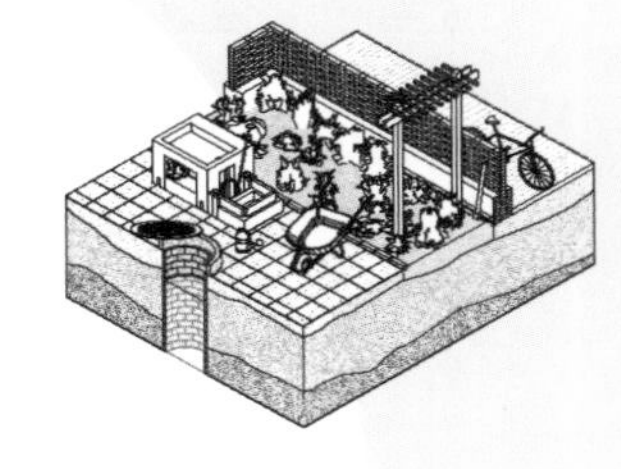

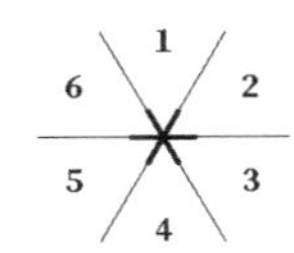

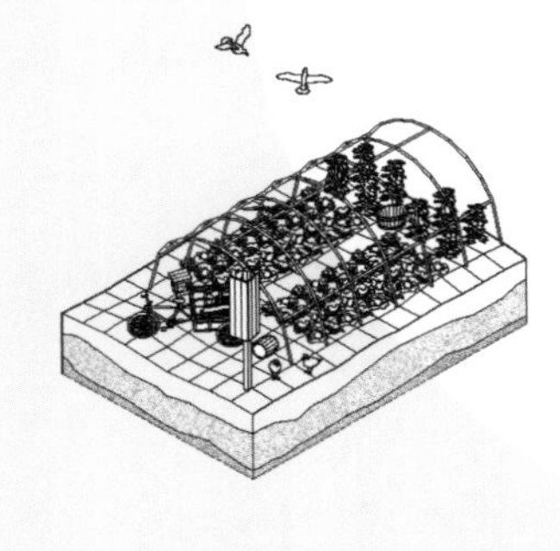

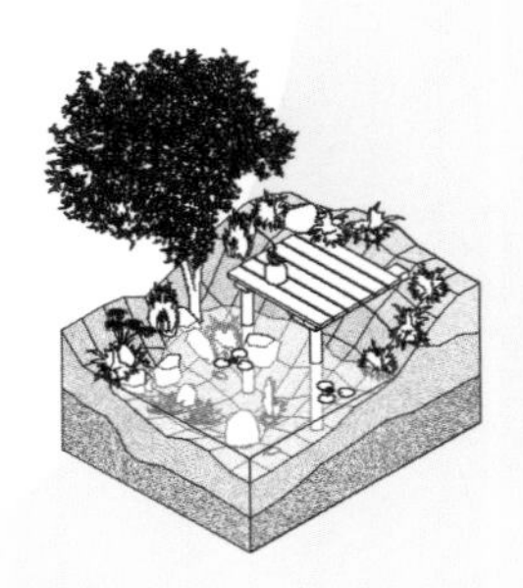

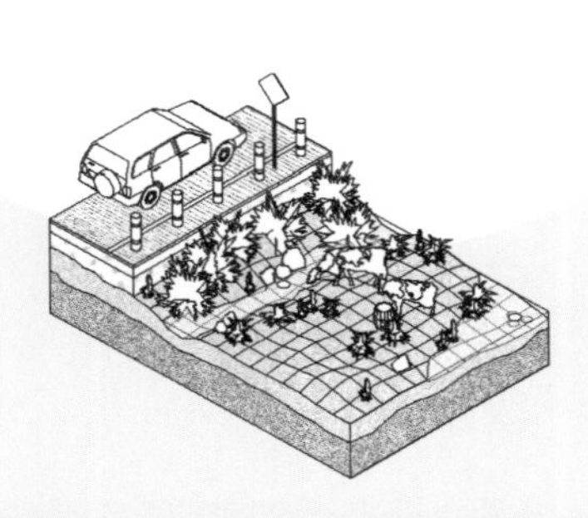

1 池边 : 田野边的水塘及淹地，作为村民农作期间就近灌溉和濯洗的场地
2 公路 : 以高低差区分的村内田地边缘与交通干道的叠加业态
3 河岸 : 多阶梯设置方便村民取水，台阶较陡也没有设置围栏进行防护
4 院内 : 村民自主营造的过渡业态，作为公共空间和私人空间的主要划分单元
5 大棚 : 作为村内大面积种植农作物的生产空间，设置在离村较远的平地上
6 菜地 : 以拼贴的形式与村内的私人空间进行匹配划分。

改造前

方案 A（室内私人）

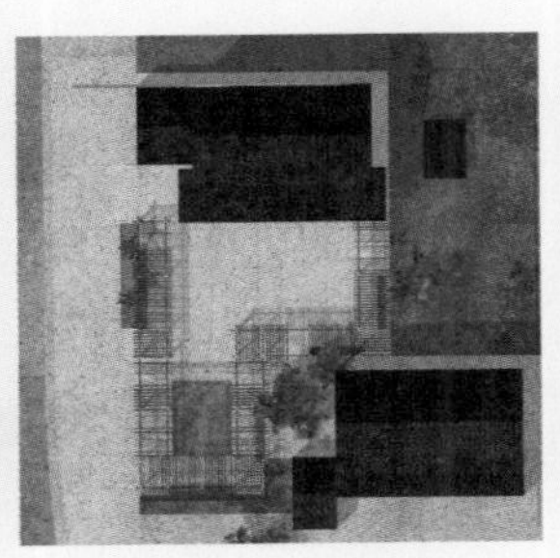

方案 B（户外公共）

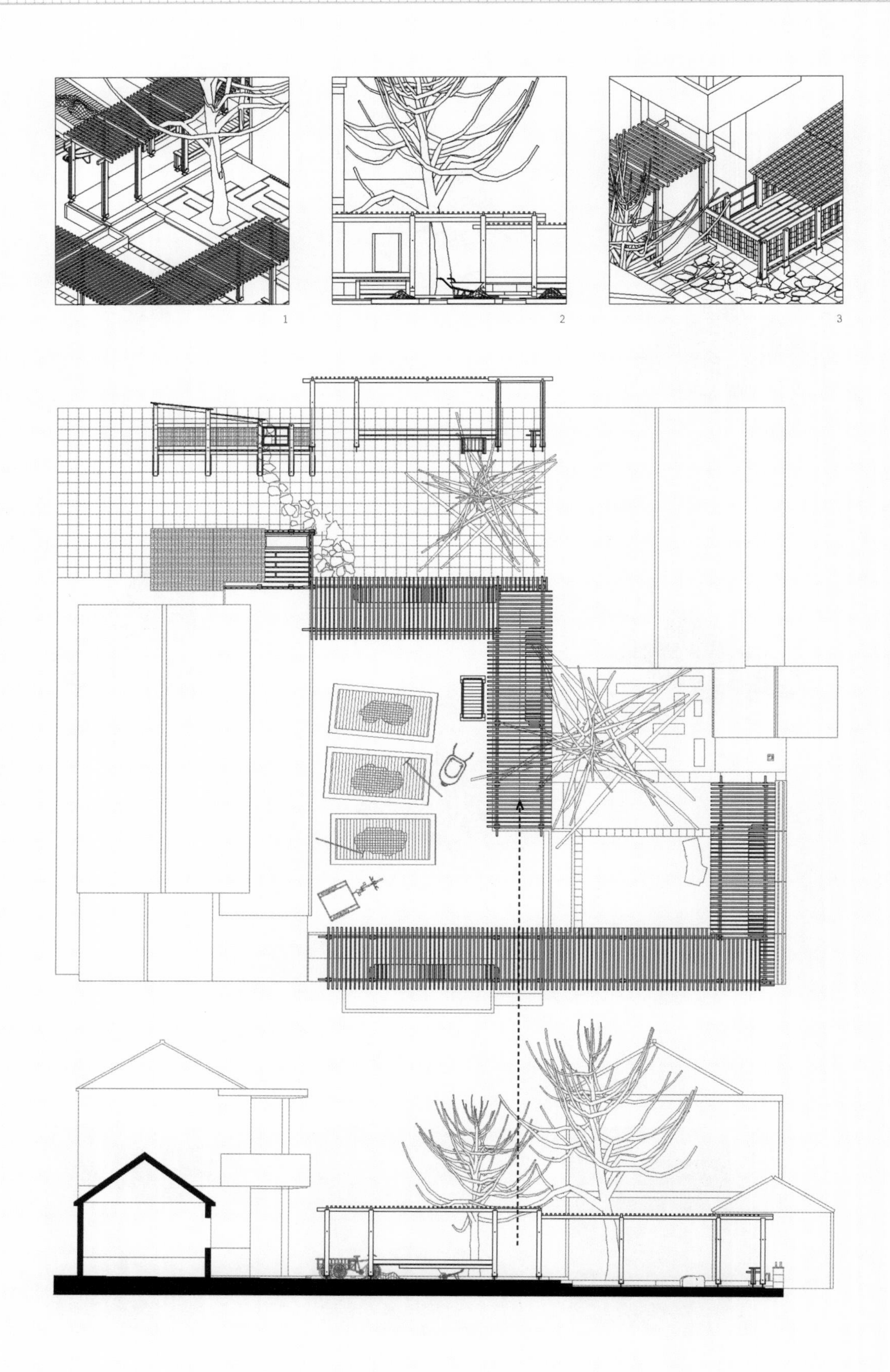
1
2
3

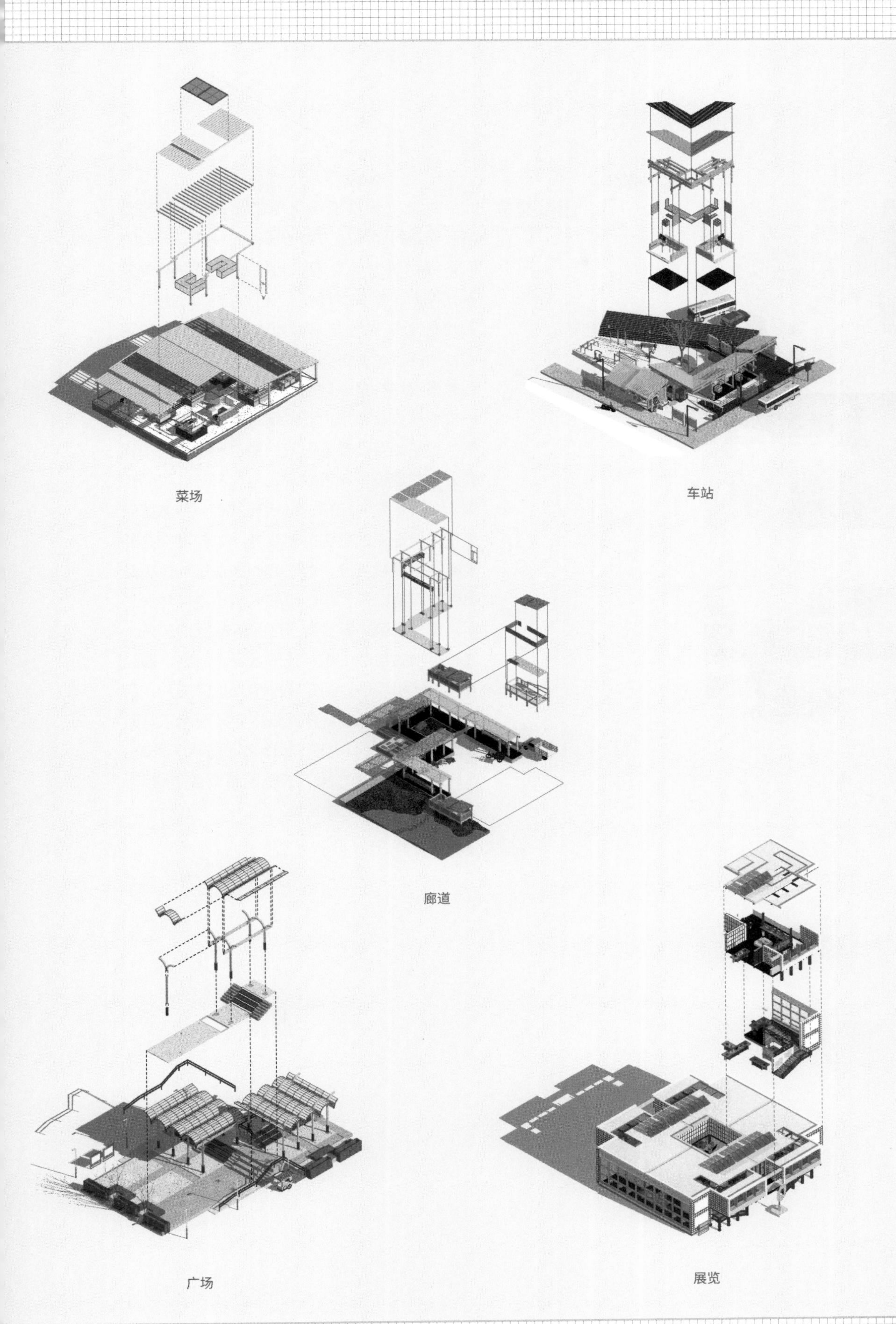

菜场

车站

廊道

广场

展览

团队感言

在此次大赛项目落地过程中，因多方因素我们进行了多版方案的修改和补充。与此同时，我们试图建立起和当地的村民之间的关系，深入了解乡村环境。在往返的过程中，大家也在老平望汽车站看到了费孝通先生的题字，他在《乡土中国》中提到：“中国乡土社会的基层结构是一种所谓的差序格局，是个由一根根私人联系所构成的网络。”这样的“网络”也从始至终贯穿于我们整个参赛过程中，成为乡村建设中不可或缺的组成部分。我们知道，乡建不是乌托邦，背后诚然有一种道德的关怀，但更多的是它的现实性。如何直视这种现实性且不被打败，对于我们来说是一件极其重要的事情。设计师、研究人员和当地村民之间，首先应该重新找到一个平等的互助关系。这和当地的自然生态、经济状况、历史，甚至文化传统和习俗，都存在一个有机的关系。我们在与村民沟通和合作的过程中，不断了解到整个村落的人员构成和彼此之间的裙带关系，这样一个小村落之间的关系网看似盘根错节，但终究都是有理可循的。

平望中鲈村
ZHONGLU PINGWANG
乡村人居环境建设实践
RURAL HABITAT ENVIRONMENT CONSTRUCTION PRACTICE

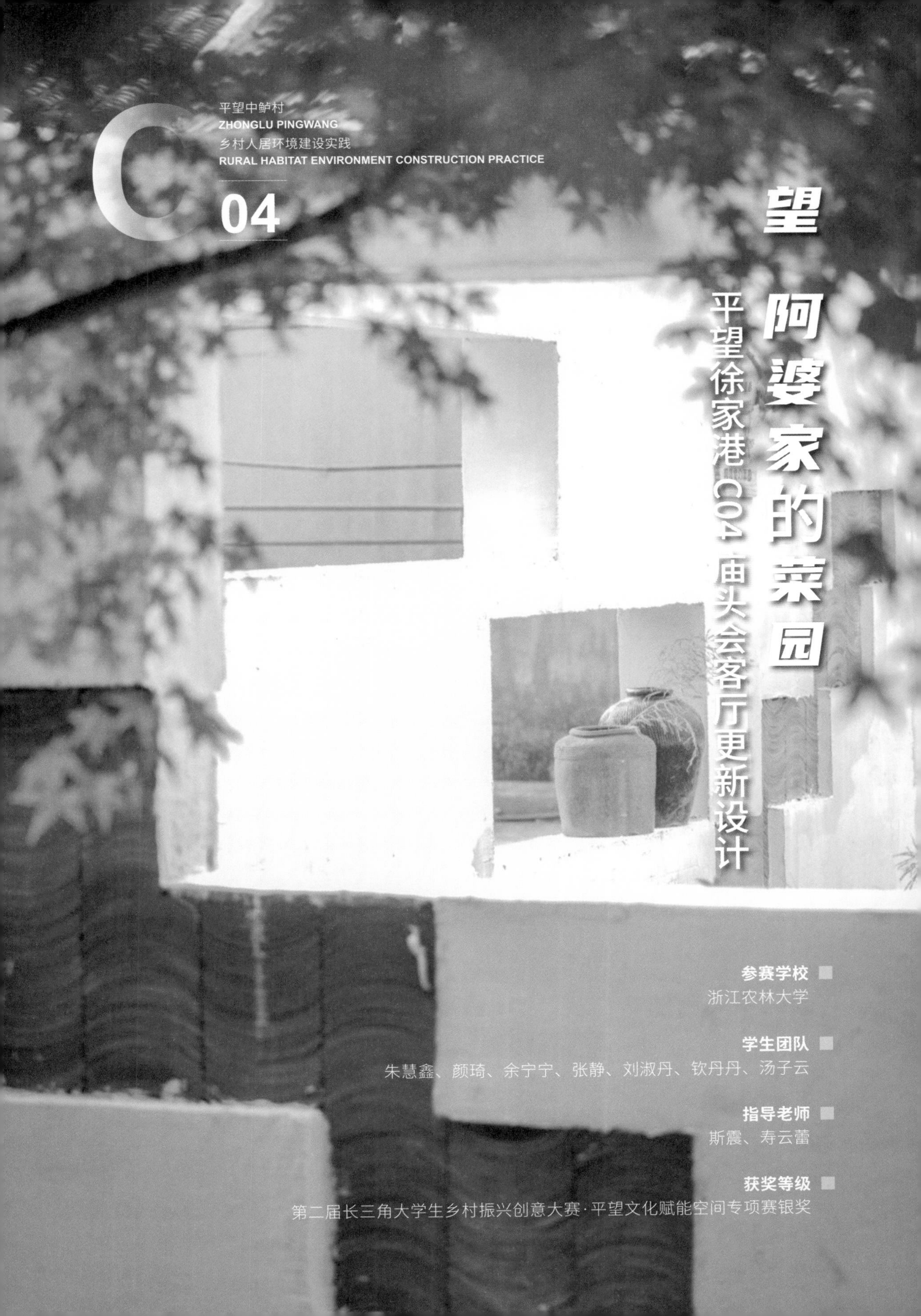

C04

望阿婆家的菜园

平望徐家港C04庙头会客厅更新设计

参赛学校
浙江农林大学

学生团队
朱慧鑫、颜琦、余宁宁、张静、刘淑丹、钦丹丹、汤子云

指导老师
斯震、寿云蕾

获奖等级
第二届长三角大学生乡村振兴创意大赛·平望文化赋能空间专项赛银奖

项目概况

项目位于平望镇村前港中部地段，北部为三栋民房，南部为四栋民房，西面为水泥路和蔬菜大棚，东面紧邻河流，有一座小桥。结合平望镇“通运江南”的历史变迁及区域的经济发展状况，规划以整体性视角看待村落空间改造；同时注入当代的新锐创意，以古为新，以时尚激活乡土，以此衔接古镇未来旅游发展规划。

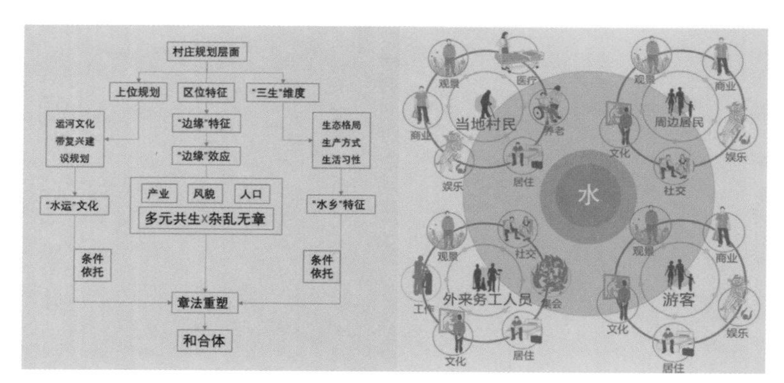

设计分析

创意主旨

设计团队对村落及目标点位进行深入调研和村民访谈后，强化“对人的关切才是该场地设计本质”这一理念。因此，规划打造以“望”为主题，以“阿婆家的菜园”为基本内涵的庭院景观，对原有场地的功能进行一定程度的保留、置换和植入，期望以“一米菜园”微微唤起远在城镇的乡民对留守家人的挂念，让回家看看变成一种“常常”的习惯。

施工过程

设计理念

场地面积较大，权属复杂，涉及多户人家的自留地及公共用地，同时加上环境问题错综交织，因此处理起来较为棘手。考虑到这些方面后，设计团队梳理场地问题，分类分层分点，进行多轮论证，最终规划对该点位采取“三区三线”的设计结构，分别包括“种植养殖区”“观赏休憩区”“社交活动区”三区及“共享分界线”“生态通行线”“生活风景线”三线，各区各线各司其职。

如“种植养殖区”既满足了原有的庭院生产功能，同时通过“金角银边”的强化使得生产空间具备强烈的景观效果；如“生态通行线”在满足了臭水沟治理的前提下，通过加盖栅格板植入通行功能，同时也能划分边界，一举多得。

“奶奶，这么多菜您吃得完吗？”
“吃不掉呀，这些都是送到城里，给我的儿子、女儿、孙子他们吃的。”

调研时，偶遇阿婆在菜园里摘菜。

场地的菜园和鸡笼，既是情感联结的存在，又是庭院经济以及活态文化的重要载体，因此作为庭院的主体部分进行保留，这也是场所精神最内核的部分。在此前提下，以消隐的手法介入场地，采用微介入的形式进行“金角银边”的重点设计。

结合村落风光，打开庭院，引进村落色彩，打造充满鲜花绿植的庭院花园空间，以童趣的表现手法为孩子们创造场景空间；通过优化周边居民的休憩区域，提升整体空间的舒适度和美观性，架设起老人与小孩之间的亲情桥梁，让整个空间温馨别致；通过色彩运用，旧物改造，墙绘绘制等方法呼应自然中的缤纷色彩。

楔形场地

村民休憩区

菜地考察

楔形场地改造中

菜地矮墙

中轴线廊架

休憩场地

休憩亭

项目亮点

1

尊重原住民

1. 保留使用主体及实际需求
2. 保留主要功能

2

消隐设计

1. 乡土材料（硬质和软质）
2. 最小介入，最大效益

3

关注日常美好

挂布、彩虹等艺术装置，增强生活仪式感，增添日常生活的美好

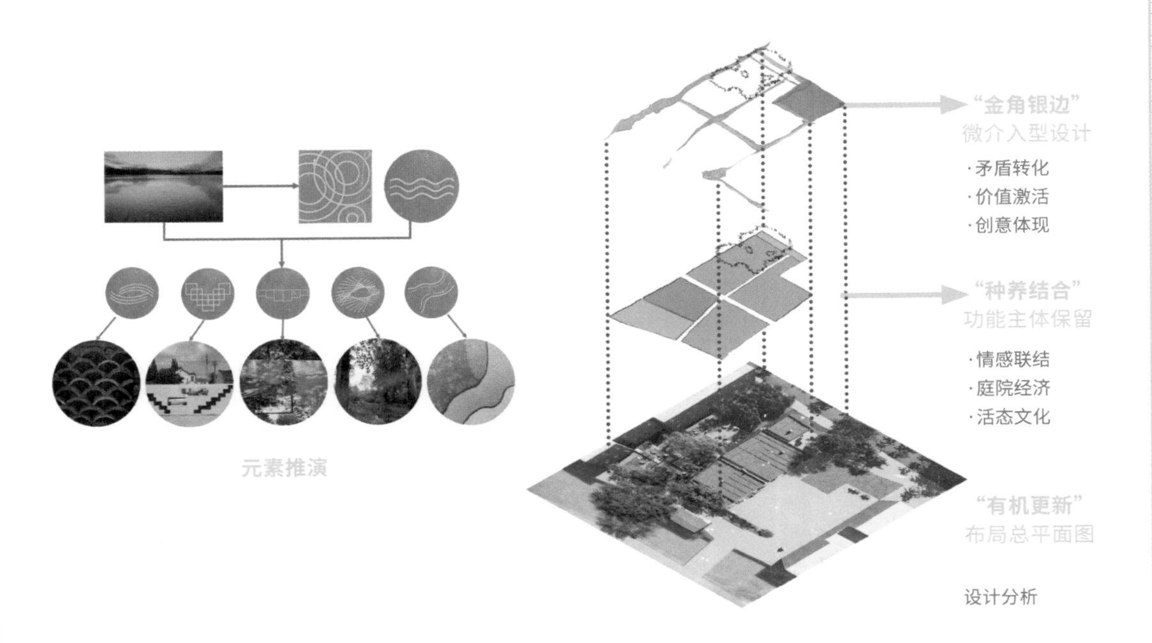

设计分析

源于生活，返璞归真

团队感言

驻村历时近三个月，频繁往返三地间，五六月交替的两周格外忙碌，毕业答辩，乡村峰会，赛事收尾……疲惫且感动，这真是一份美好的毕业礼物。我们深入参与方案实践落地的过程，才明白“乡村振兴”这一口号背后的真谛，任何设计与想法都应从本地的文化沃土滋养而生，让乡村的熠熠光辉折射自其在地文化而璀璨。成熟的设计会呈现舒展自如的家园，而不是粗劣的模仿借鉴。

A

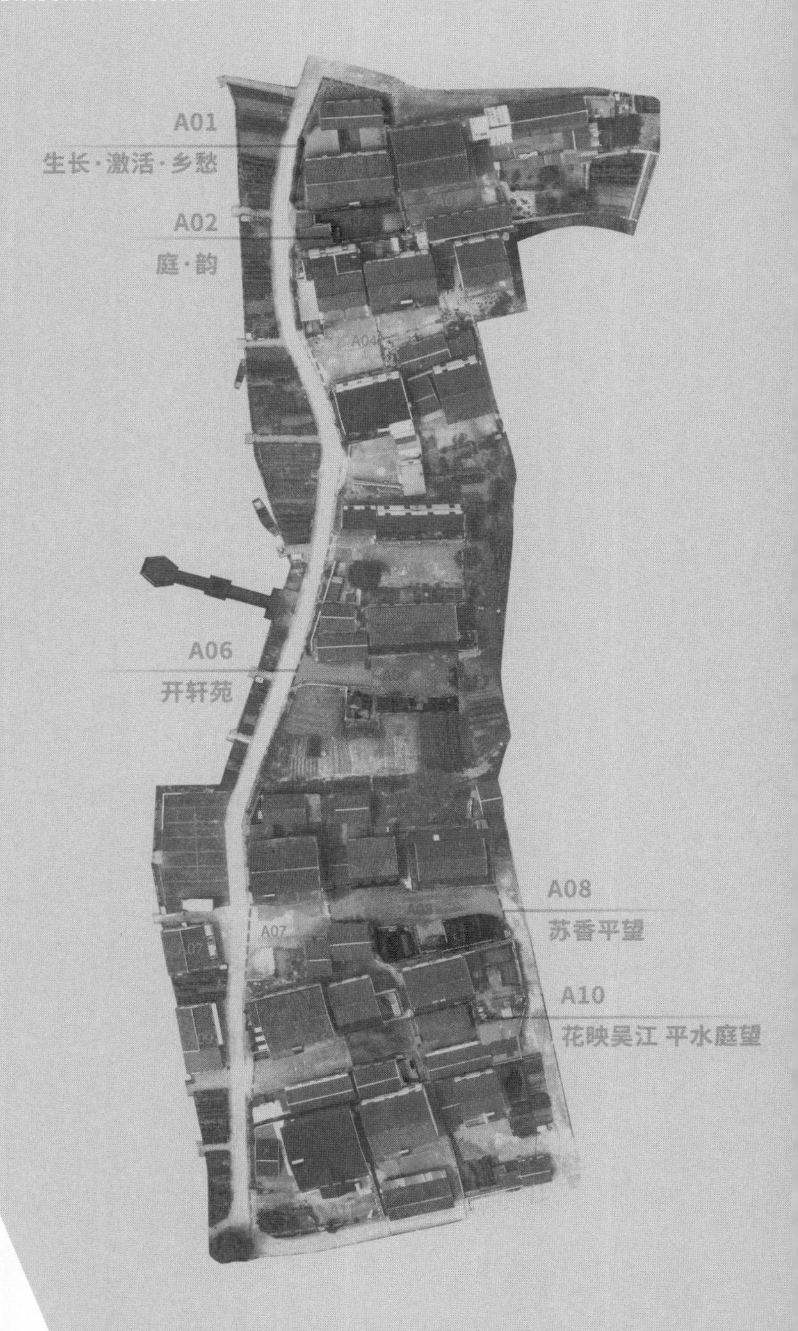

生长·激活·乡愁

参赛学校
安徽建筑大学

学生团队
米之杰、周自康、汪琪彬、赵文君

指导老师
左光之

获奖等级
第三届长三角大学生乡村振兴创意大赛·平望文化赋能空间专项赛银奖

项目概况

项目场地位于平望镇联丰村下属的马家港自然村，村里有一望无垠的稻田以及充满淳朴气息的乡土建筑。周围环境优美，水资源丰富，道路交通和基础设施完善，但建筑分布略显杂乱，缺少公共空间。本项目要打造的空间位于整个村庄入口处，地块不规整，围绕村民家外墙一圈，呈现“U”形。由于原本民房被拆除了一部分，正立面屋顶少了一大块，缺失的部分显得格外突兀。山墙面可以看到蓝色的铁皮顶、破旧的窗户以及杂乱无章的绿化。

创意主旨

以“生长·激活·乡愁”为主题，整合平望乡村农耕文化和水文化多元价值，打造成一个触得到乡野、看得见绿水、记得住乡愁的人间烟火地，激活“水、岸、城、村、人”共生效应，给当地居民和游客们带来更多全新体验。

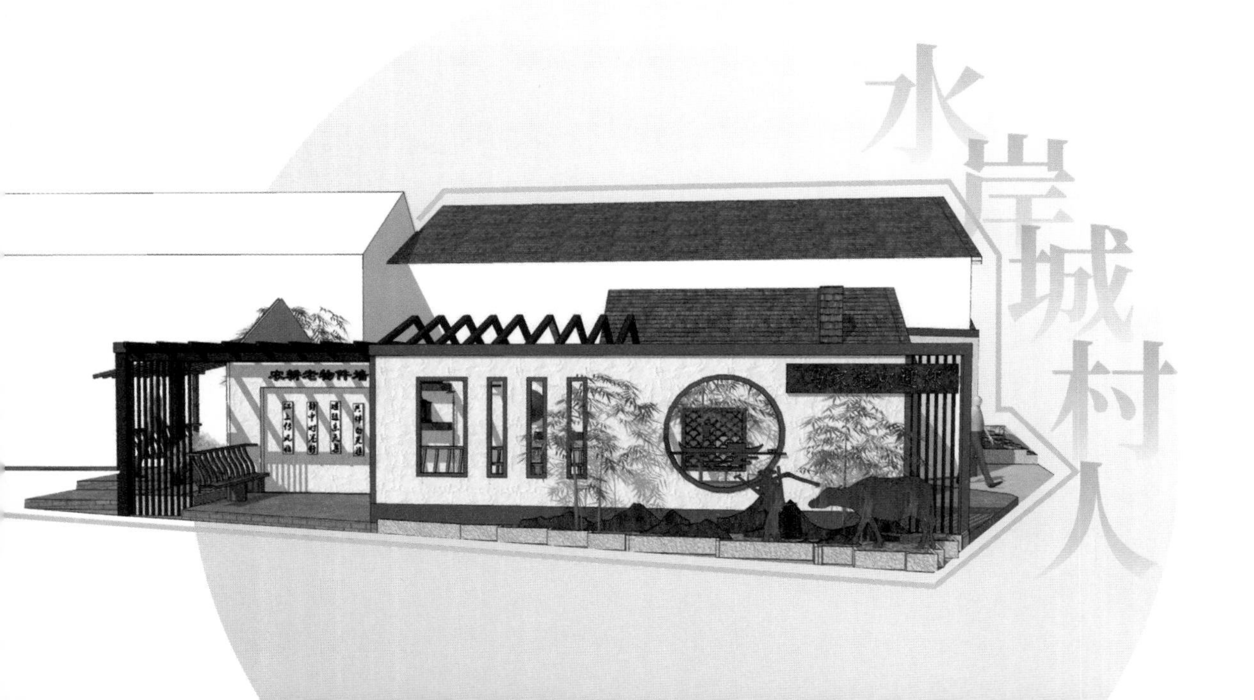

项目亮点

用影壁石墙、渔人撒渔网、黄牛犁地塘等要素表现天圆地方、农耕文化和水文平望。平面设计整体延续村庄肌理，保证村庄原本样貌不被破坏。场地北边较为开阔，方便停留，而西边是乡村小路，不方便停留，所以沿村庄整体东西方向肌理将地块切割，划分出可以利用的空间并赋予相应的功能，分别作为休闲娱乐的休憩空间和观光游览的观赏空间。

正立面设计一面片墙，起屏风作用，构思源于四合院中的影壁，图案显示村庄标识，凸显村庄入口。片墙设计的圆洞寓意着天圆地方，圆洞中间的雕塑是一个渔人正在撒网，前面的片石和石子，寓意着当地的水域历史文化。片墙前面的黄牛象征着本地的农耕文化。片墙后面是休憩空间，同时也是农耕文化展示区，墙上摆放着 20 世纪 90 年代的老物件和农耕用具，两排座椅可作为村民和旅客的休憩地。

往里走，来到西面的山墙面。黑色的构件和渔船的彩绘等设计思路源于对整个村庄瓦屋连片整体的朦胧感，寓意着家和万事兴，也期待更多青年回乡创业，造福家乡。

改造后软装细节图

团队感言

非常感谢这次大赛给予我们团队一次为乡村建设奉献的机会，给我们一次全新的体验，让我们有机会投身乡村解决乡村现实问题。为了使设计更好地体现本地文化，更加人性化，并达到经济、美观又实用，我们一次又一次地与村民沟通，参与现场施工作业，一遍遍地修改方案。马家港村深厚的历史、秀丽的风光、熟稔的烟火气使我们汲取到了乡村文化的营养，在历史的原型中寻找到了创新的灵感，在改造中融入我们的所思所想、所遇所见。我们很高兴为村民做了一件有价值的事，自己的能力也得到提升。最后要感谢左光之老师的耐心指导。

宝兴小店

BAOXINGXIAODIAN

庭·韵

参赛学校

浙江广厦建设职业技术大学

学生团队

张亚东、孟征宇、向郑奎、孙宁文、余叶琴

指导老师

尹依、蒋权、洪亚丽

获奖等级

第三届长三角大学生乡村振兴创意大赛·平望文化赋能空间专项赛金奖

项目概况

项目场地位于平望镇联丰村下属的马家港自然村，是紧邻马家港村入口的一个庭院，面积为 88 ㎡。原有庭院功能单一，有少许盆栽绿化，主要功能为杂物堆放。庭院墙面、入户大门均破旧。户主自营一间小商店。

创意主旨

发掘平望镇深层次的文化肌理，激活“水、岸、城、村、人”共生效应，以“庭·韵”为主题，旨在打造富有田园韵味的乡村庭院，还原田园生活场景；通过文化赋能助力村容村貌蝶变，打造乡村美丽庭院；为户主“宝兴小店”设计店招，撰写商业计划书，推动农文旅融合发展。

项目亮点

赋予庭院集休闲、观赏、创收经济效益于一体的复合功能，以凉亭为主体，搭配竹制休憩座椅，便于闲暇时小憩、喝茶、会友。凉亭玻璃顶部布置遮光竹帘，保证休憩桌椅的实用性，也使庭院空间更加丰富、灵动。

对墙面进行了粉刷、设计并更换入户大门。墙面书法装饰引用秦观《满庭芳·碧水惊秋》诗句，手绘“竹里小院”院牌，布置瓦片景观墙，设计布置寓意“山水”的年轮墙面装饰。重新摆放庭院原有的盆栽花卉，搭配小竹林、藤本植物及多种时令花卉，丰富庭院空间层次感，提升庭院四季的色彩观感。增加夜景景观，在庭院中添加观赏性太阳能壁灯和草坪灯，营造层次温馨的庭院夜景。

设计文创店招“宝兴小店”，采用简单、实用、特色、温馨的设计理念，遵循因地制宜、独特创新、经济节省等原则，店招选择适宜的材料、颜色、图案、字体造型，体现店招的独特性，且与周围环境呼应。搭配高低错落的植物盆栽，结合太阳能点光源、灯带，布置商店门口的绿化和夜景。

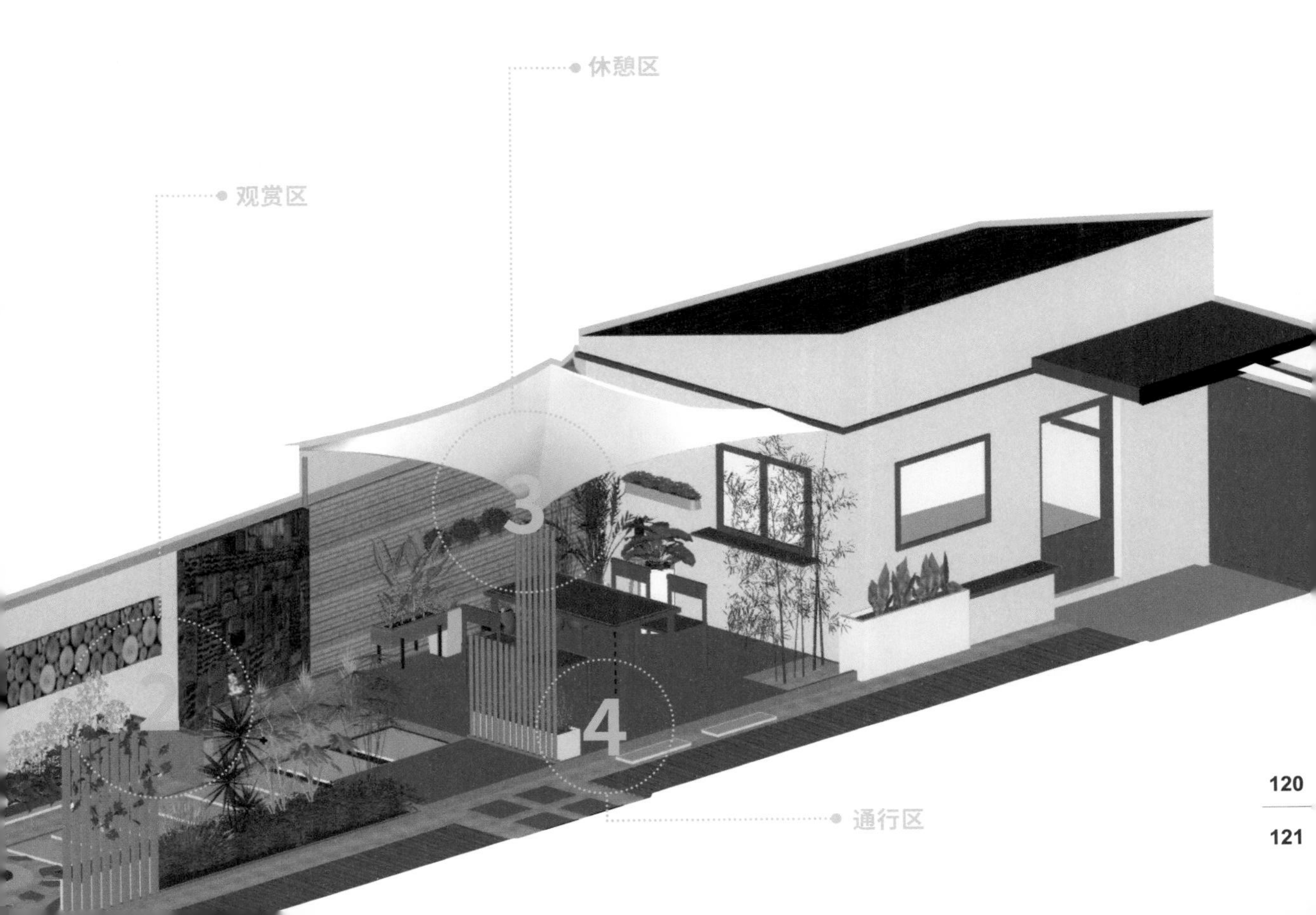

以“庭·韵”为主题，打造集休闲、观赏、创收经济效益于一体的乡村庭院，通过文化赋能助力村容村貌蝶变，打造乡村美丽庭院。庭院以凉亭为主体，搭配竹制休憩座椅，供闲暇时小憩、喝茶、会友，搭配高低错落的植物盆栽，结合太阳能点光源、灯带，布置“宝兴小店”的绿化和夜景。

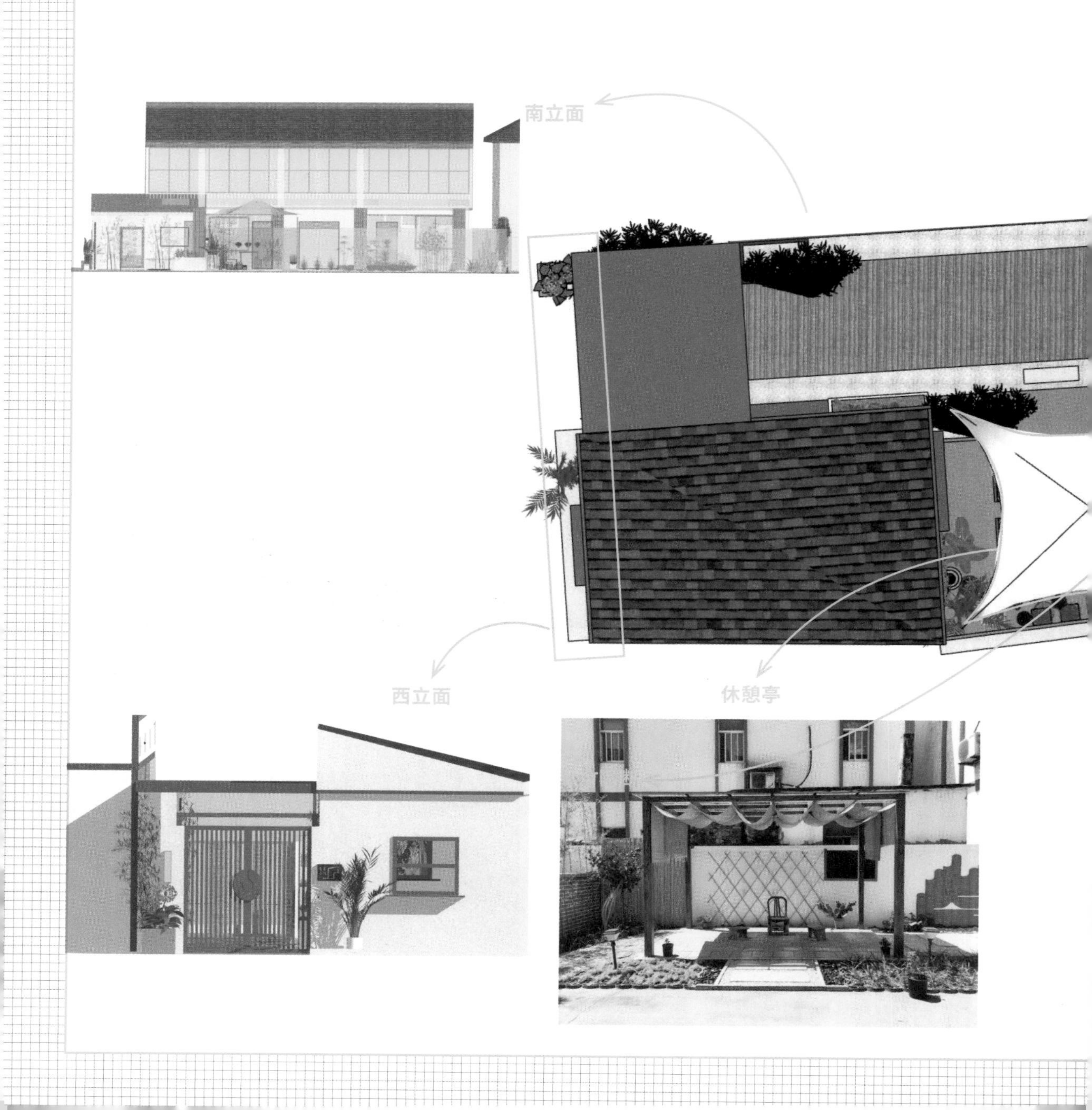

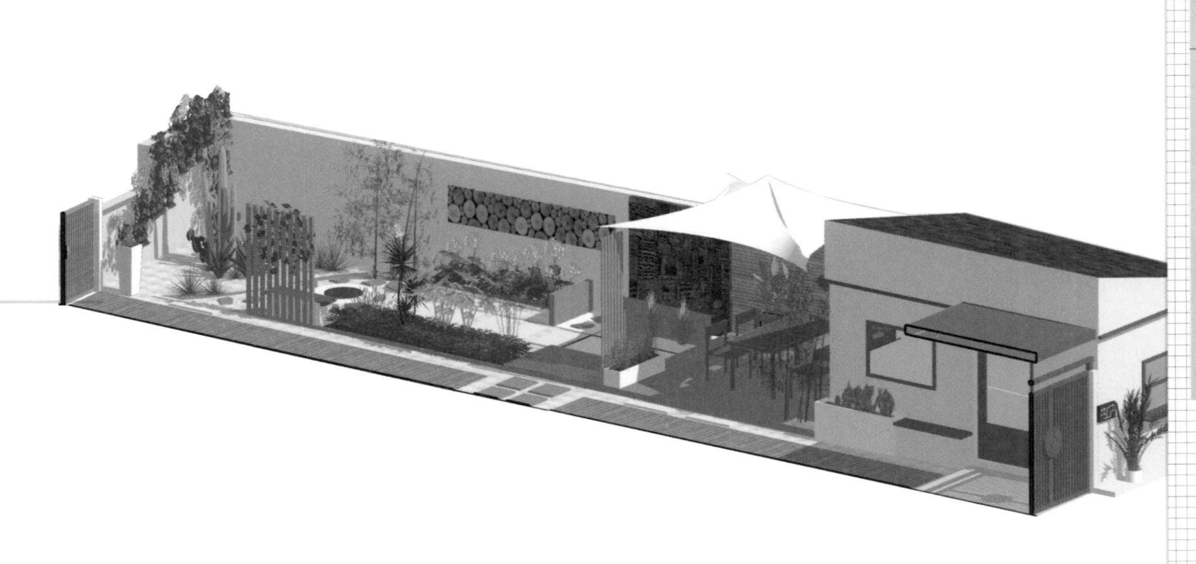

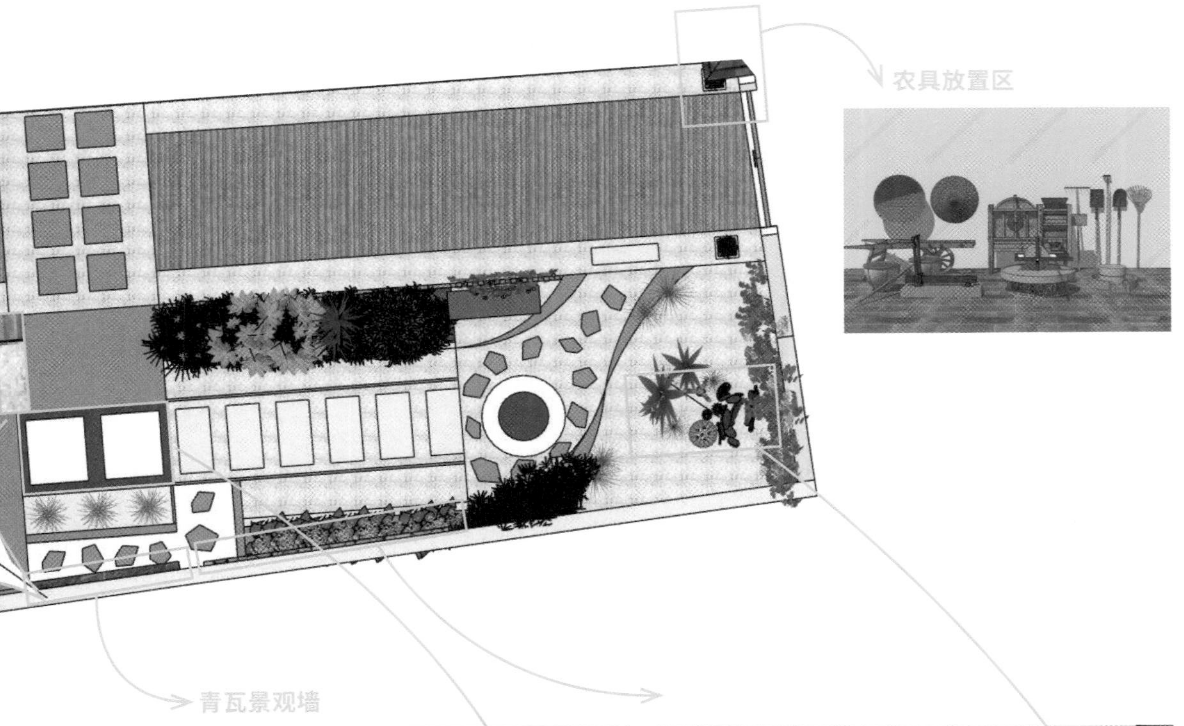

农具放置区

青瓦景观墙

地面铺装

景观种植区

团队感言

因受新冠疫情影响，这场乡村营造行动持续四百多天。当疫情有所缓解后，团队即刻赶往现场驻村指导施工，顶着 40°C高温，在施工现场修改空间设计方案，和工人沟通设计意图、施工要求，还参与庭院施工：搬碎石，铺瓦片，进行墙绘，布置绿植、夜景灯等。最终呈现的方案在空间验收、路演和方案汇报中均得到了户主、专家评委的认可和肯定。这一场乡村之旅，让我们更懂得了设计的真正意义：“从农户需求出发，能为他们解决实际问题的具有美感的设计，才是真正的好设计。”

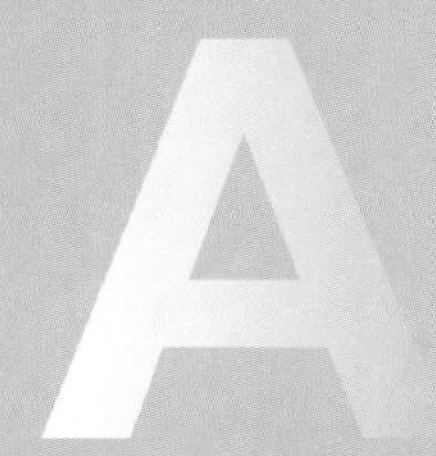

平望马家港
MAJIAGANG PINGWANG
乡村人居环境建设实践
RURAL HABITAT ENVIRONMENT CONSTRUCTION PRACTICE

06

开轩苑

■ **参赛学校**
浙江工商大学

■ **学生团队**
潘超宇、王廷瑜、周涵、覃山泉、谢泽笙、吴嘉宸、孙宝鑫

■ **指导老师**
徐清

■ **获奖等级**
第三届长三角大学生乡村振兴创意大赛·平望文化赋能空间专项赛金奖

项目概况

项目场地位于平望镇联丰村下属马家港村自然村，项目场地户主为一对老人，场地背靠稻田，场地中现有菜园、养鸡棚，功能结构单一。设计以苏州市吴江区平望镇马家港庭院设计改造为立足点，打造“开轩面场圃，把酒话桑麻”的意境。

创意主旨

将庭院命名为“开轩苑”，以“开轩面场圃，把酒话桑麻”为主旨，结合庭院本身的结构优势与人文特点，意在打造主人与好友同坐庭院内，面向广袤无垠的稻田，同饮酒话家常的美好意境。通过对庭院的打造，强化庭院的围合感，增强亲属的归属感，提高户主的幸福度。

项目亮点

入口左侧的门头采用竹编曲线装饰，体现平望地处太湖之滨的地理位置。墙面中间悬挂簸箕，赋诗“开轩面场圃，把酒话桑麻”，体现“开轩苑”文化内核。

入口右侧堆砌景墙，设计阶梯感，寓意步步高升。同时，阶梯处可作为置物台，放置盆景等，有效地利用纵向空间。

景墙采用砖瓦结合堆砌，顶部设置“开轩苑”字牌，以太阳能灯带进行装饰，使整体庭院具有归属感。

在整个庭院周围设置竹篱笆，增强庭院的围合感。在围栏中间间断性设置坐凳，有效利用围墙空间，让沿途的人可坐下休憩、聊天，同时，提高了庭院与外界的互动。

花园造型则采用圆弧形以及波浪形的设计；花园旁布置躺椅，供老人在休憩的同时欣赏花坛的景色；花园边平地硬化处理，铺置大块石板，增加花园氛围。花架支撑采用木材，顶部设置竹帘，木材和竹帘均经过防腐处理。木竹结合，提供遮阴功能的同时也更加美观、耐用。花架下铺置石板小路，两侧铺以草皮，种植花卉，设置坐凳供人休憩。

在庭院新建一个亭子，亭子的墙面采用圆洞门的设计，让亭子后广袤无垠的稻田景色能够直接映入眼帘。在亭子中放置一套桌椅，供户主吃饭、休憩、乘凉。给废弃轮胎喷上漆，废弃长木板绑上麻绳，将它们组合改造成坐凳以及孩子们玩耍的道具，也装饰了亭子；闲置的猪槽，则用来种植花草，装扮庭院。

花架设计

围栏设计

门头设计

项目场地户主为一对老人，子女在周末偶尔归家看望，场地背靠稻田，场地中现有菜园、养鸡棚，功能结构单一

BEFORE
改造前

“开轩苑”文化内核——开轩面场圃，把酒话桑麻

入口左侧的门头采用竹编曲线装饰，
右侧堆砌景墙，设计阶梯感，寓意步步高升。

花园设计

团队感言

从最初的探讨、选择点位，到之后的数次实地调研、修改方案，到庭院的建成，团队在这四百多天的比赛中，历经艰辛，同时也收获了许多。对于团队来说，这一次比赛融入了我们的生活，在许多个驻村的节假日，以及最后十几天跟随施工队一起将“开轩苑”建成、建好，都是独一无二的经历。我们不会忘记在平望起早贪黑的赶工，在深夜一起赶图，利用一切可以利用的元素来把我们的庭院建设得更好。通过这次比赛，我们将学校里学习到的知识运用到了实践当中，我们的专业技能得到了提升，我们对乡村有了更深的了解，更加热爱乡村。

亭子设计

苏香平望

参赛学校

浙江工业大学之江学院

学生团队

丰江捷、强思漪、林紫瑄、裘晓彤、蔡林军

指导老师

周健、徐姗姗、陈虹宇

获奖等级

第三届长三角大学生乡村振兴创意大赛·平望文化赋能空间专项赛银奖

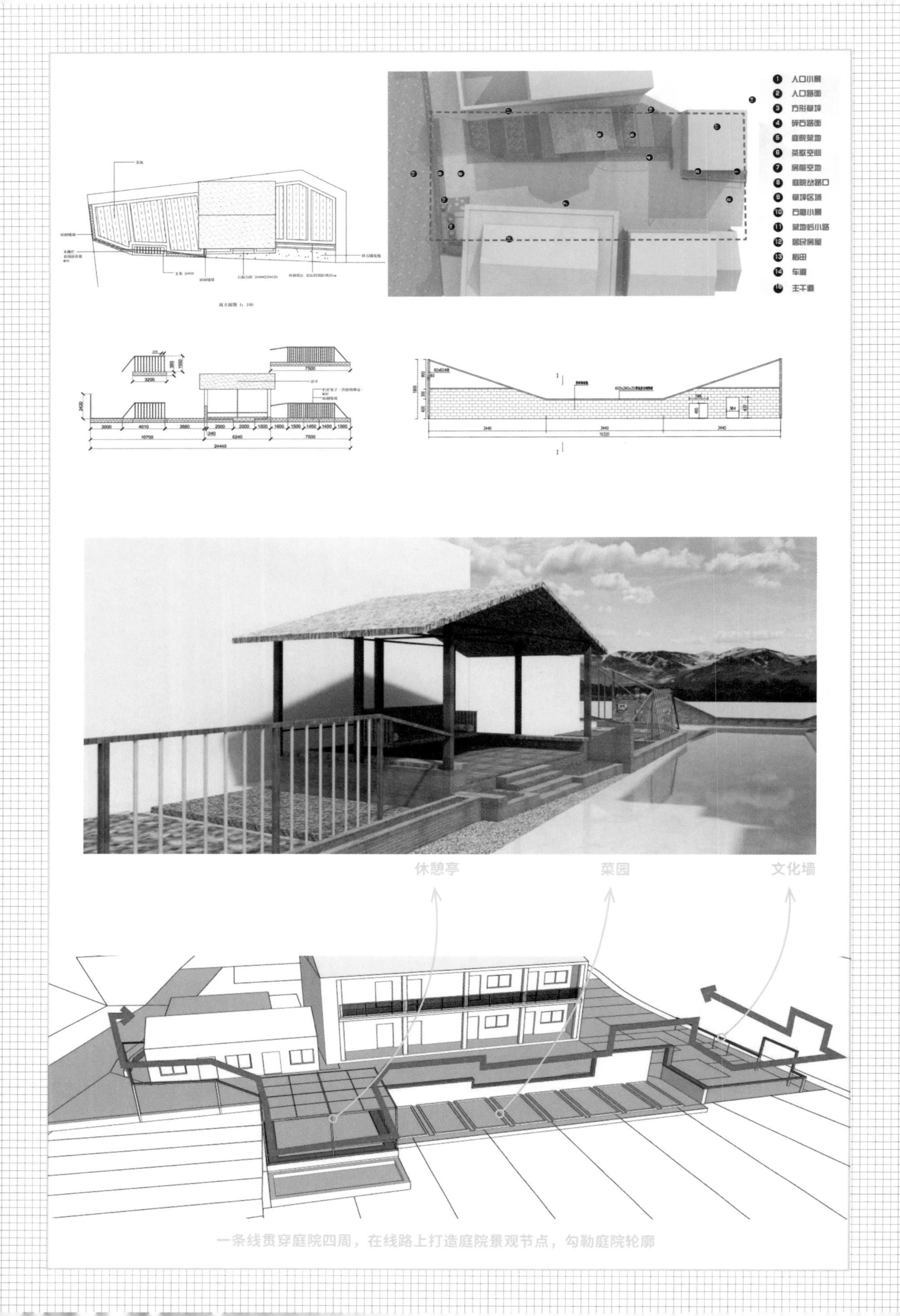
南立面图 1：100
1 入口小景
2 入口路面
3 方形草坪
4 碎石路面
5 庭院菜地
6 茶歇空间
7 房前空地
8 庭院岔路口
9 草坪区域
10 石磨小景
11 菜地后小路
12 居民房屋
13 稻田
14 车道
15 主干道
3200
7500
3000
4010
3690
2500
2000
1500
1600
1500
1450
1430
1500
240
10700
6240
7500
24440
3440
3440
3440
10320
休憩亭
菜园
文化墙
一条线贯穿庭院四周，在线路上打造庭院景观节点，勾勒庭院轮廓

项目概况

该项目位于江苏省苏州市吴江区平望镇马家港村，项目以马家港村的苏南运河背景为基础。改造前场地较为杂乱，没有新意，有些存在安全隐患，风格尽显乡村本色。经过线上线下的实地考察，我们决定打造主题为“苏香平望，运河之滨”的院落景观设计，通过定位、村落调研、概念设计、规划设计和宣传推广来进一步推进项目落地。

创意主旨

该项目旨在将运河元素贯穿空间，所有节点以一条曲线串联，借助场地旁的稻田来打造一个有趣的拍照打卡点，以提升乡村的美观度，增加村民的日常乐趣。同时也不忘记运河造福沿河村庄的曾经与现在。

项目亮点

（1）概念设计

“苏香平望”，“苏”意指谐音“书”，以此表达此场地所具有的文化气息。

（2）规划设计

为了保障村民久已成习的日常行动，规划中没有改变村民原有的活动路线。且侧面小路要通三轮车，设计也没有过多干涉。从入口看，居民楼和小菜地位于道路两侧，其间用碎石进行软隔离。原来场地中有浣洗台和鸡舍，但此处空间可利用性有待提高，于是我们打算在菜地中央做一个亭子为户主提供户外的休息空间，也可以在种地累了以后歇脚；鸡舍也在经户主同意后改变了位置。墙体改造前破旧不堪，团队打算改造成船的造型，一是迎合苏南运河的理念，二是减少了风景的阻挡，可以一眼望遍整个农田。

改造后船型墙

团队感言

比赛期间正是疫情蔓延和反复的时期，队员们只能通过多方渠道对所选场地进行调研，这期间虽然有些波折，比如线上沟通不畅，场地资料较少难以整合，等等。但我们从来没想过放弃，还记得当时暑假正值军训，队员们利用短短的午休时间完成创意和修改设计，形成最初方案提交参赛，现在回想起来依旧是很佩服当时的毅力和勇气。成功进了决赛对于我们来说是莫大的鼓励，可因为疫情的再次蔓延，赛事赛程延后了整整一年。其间，我们没有与大赛组和施工方断了联系，依旧十分关心我们场地的情况，虽然因线上沟通不畅而导致返工，但最后我们还是尽可能将我们所设计的还原到场地各个地方，最后顺利完成了答辩。回看过去，大赛让我们所学和实践结合，让我们明白所学终究可以落到实处，为乡村的建设添砖加瓦。我们永远都会记得那几个忙碌充实的暑假，带着乡村振兴的建设愿景奔向属于自己的远方。

10

花映吴江 平水庭望

参赛学校

浙江科技学院、上海交通大学、上海师范大学

学生团队

丁昕、邹雨泓、郑蓓婕、蒋侃、史本建、施宇婷、陈元园

指导老师

邹少芳、傅隐鸿、张晨

获奖等级

第三届长三角大学生乡村振兴创意大赛·平望文化赋能空间专项赛金奖

项目范围

改造前实景照

项目概况

项目场地位于平望镇联丰村。项目是一个围合感较强的小型农家庭院，联丰村紧邻京杭大运河太浦河段，拥有大片农田，风景秀美。项目庭院存在种花区域不足、设施不完善等问题。

创意主旨

结合村落秀美风光，将庭院打开，引进村落色彩，打造充满鲜花绿植的庭院花园空间，以充满童趣的表现手法为孩子们创造场景空间；优化周边居民的休憩区域，提升整体空间的舒适度和美观性，架设起老人与小孩之间的亲情桥梁，让整个空间温馨别致。通过色彩运用、旧物改造、墙面绘制等方法呼应自然中的缤纷色彩。

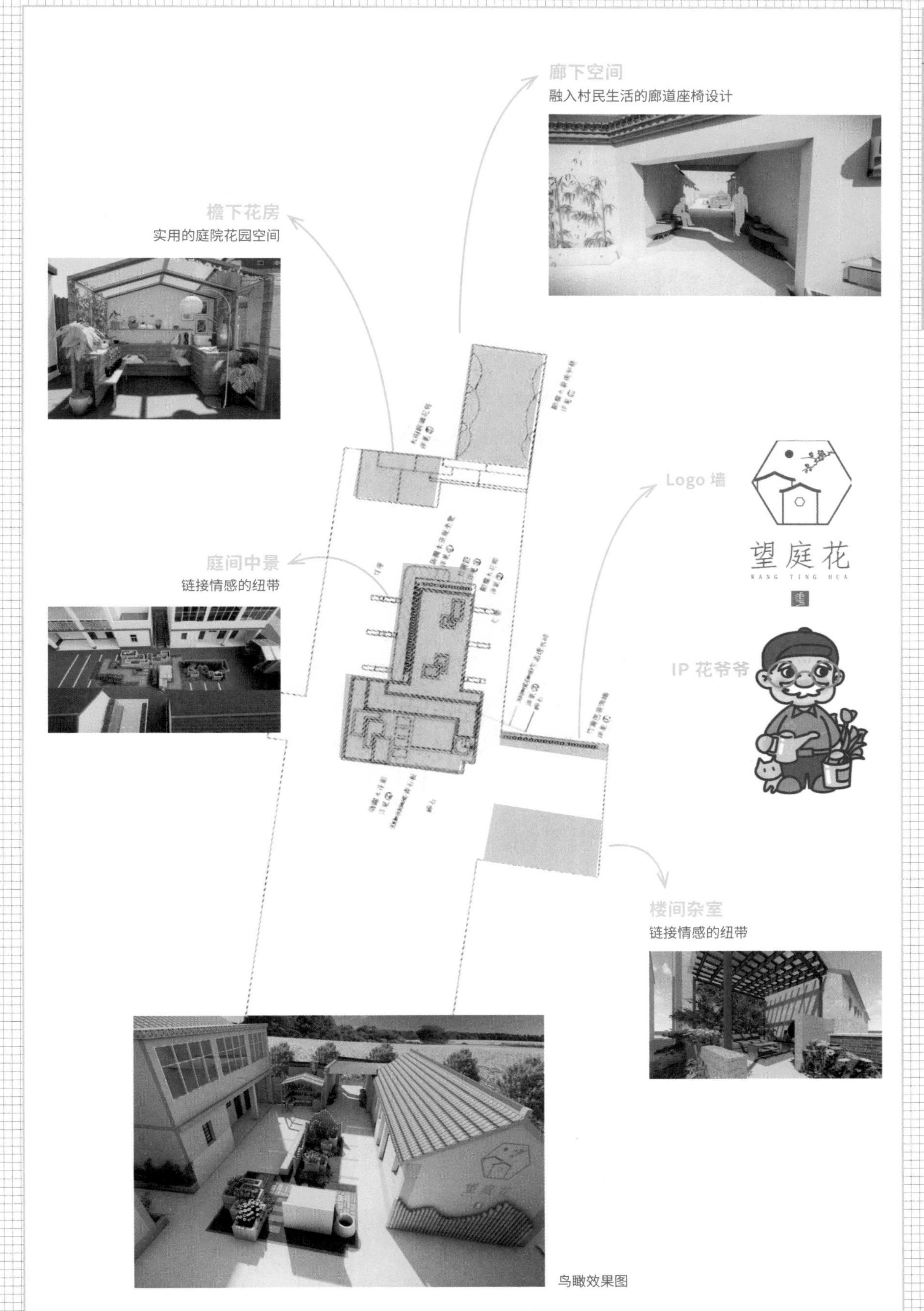
廊下空间
融入村民生活的廊道座椅设计
檐下花房
实用的庭院花园空间
Logo 墙
望庭花
WANG TING HUA
庭间中景
链接情感的纽带
IP 花爷爷
楼间杂室
链接情感的纽带

鸟瞰效果图

廊道改造前

廊道改造后花

檐下花房改造前

廊道改造后

廊道改造

庭间杂室改造

檐下花房改造后

檐下花房改造后

庭间杂室改造

logo 墙改造后

项目改造后夜景

庭间杂室改造

项目亮点

（1）融入村民生活——廊道座椅设计（廊下空间）

廊道座椅的造型以运河的水波纹作为主元素设计，且场地内老年人较多，弧形波浪纹设计更加安全，前期调研中观察到老人有用小板凳歇腿脚的习惯，座椅采用双层设计，下层可置物亦可存放小凳。同时走廊两边的墙面绘制以花为主题的彩色墙绘，充满自然与童趣，亦与主题相符。村内很多老人爱过来坐在廊道，吹着穿堂风，看着稻田，品着茶，盼望着儿孙常回家看看。

（2）实用的庭院花园空间（檐下花房）

户主非常喜欢种植花卉，因此设计围绕“花”展开，设计了Logo“望庭花”和IP“花爷爷”。Logo“望庭花”的设计提取了苏式坡屋顶的建筑造型、明月和鲜花，将三者融合为充满中式江南风情的古画，Logo下方“望庭花”字样寓意庭间望花，期望老人们坐在庭院之间也能看到充满古韵及自然气息的鲜花绿植。IP“花爷爷”的创意源自户主爷爷，爷爷十分喜爱种花，对其形象进行艺术化设计，衣服颜色则采取屋前地里水稻的颜色，在衣角点缀花朵元素。

改造设计中，拆除了檐下老旧破损的花棚，以阳光花房的形式重新设计为檐下花房，并将江南坡式屋顶作为元素融入檐下花房造型的设计，在户主习惯的种花位置设置花架，将原叠加式单面铁架改为半包围式木质花房，更有利于户主浇花和种花，大型花卉植物摆放在花房中心，利于挪动；小盆栽等在花房两侧的木质花架上叠加摆放，利于换盆、浇水、摘叶等护理工作。整体花房材质的设计考虑与村内环境相互融合，花架上绘制三原色的色块，配以设计团队自制的风铃、编制旗，自然融入乡村景观。花房内，植物四季分明，有花期长的三角梅、蓝雪花、翠芦莉等，也有常绿的兰草、吊兰等各类绿植，呼应室外的自然。

（3）连接情感的纽带（庭间中景、楼间杂室）

庭间中景、楼间杂室的设计以三段情感为出发点，户主爷爷与奶奶、户主与子孙、户主与邻里，将其设计为链接情感的纽带的空间。设计了奶奶洗衣服时爷爷陪伴的空间、孩子玩耍的亲子空间、邻里谈笑休憩的空间，多方面满足情感层次需求，更显庭院温馨美满的氛围。

旧椅子改为色彩鲜艳的座凳

化肥桶改为花桶

旧斗笠改为入口装饰小品

对这一空间翻新改造后，小朋友们来庭院的次数大大增加，孩子们喜爱这些空间内充满童趣的手绘以及满院鲜花。户主的小孙女十分喜爱改造后的庭间中景种植的花卉、太阳能灯和风车装饰，到了傍晚小朋友总会来看看太阳能灯是否打开，鲜花有没有浇水。平时，她爱到廊下空间玩耍，因为，那满墙的花卉，出自她和同学们之手。偶尔，她会从小花池里摘朵同色系的鲜花，坐等我们来看，并让我们给她与墙面鲜花拍照合影。

每到黄昏时刻，庭间太阳能灯齐齐点亮，为村庄平添了一份温馨和谐。

（4）以旧代新——旧物改造设计

出于经济实惠的考量，同时希望住户使用更习惯更安心，团队在设计中反复利用场地原有旧物，对其进行改造设计。团队将住户以及周边爷爷奶奶常用的折叠座凳收集起来，用彩色麻线进行缠绕，配合颜料进行点缀，使其充满色彩感，同时加入笑脸、花卉等小元素，与廊道的童趣氛围相融合，并呼应“平望色彩”这一主题。对住户种花用的化肥桶和破旧陶罐进行擦拭清洗，并增加手绘，将廊道外成片水稻以及寿桃、花卉等元素融入其中，有对老人寿比南山的祝福寓意，也呼应周边环境。在面对水稻田的墙面上，挂饰是从村内收集来的废旧斗笠，寓意归家；一大二小斗笠寓意着户主一家齐聚，回应了户主老人期望儿子多回家的心理。

团队感言

这一年我们收获颇多，跟着乡村振兴的脚步看了平望春天的花，淋了夏天的雨，吹了秋天的风，品了冬天的月。在驻场期间我们努力融入当地生活，倾听住户的故事，了解他们的诉求，思其所想，择其所需地展开乡村振兴。对旧有的物件进行优化升级，将没有的竭力融入。我们不为设计而设计，没有增添一件无用的砖瓦和木架，只愿每一滴汗水成就出的庭院是住户喜爱的。

B01
织梦江南
B02
得胜亭花园
B03
以陶为引 品乡野之韵
B04
吴音未悄
B06
伴·园
B08
院巷有乡邻 树荫述久长
B

织梦江南

江南新“集”市，集合“新村民”

■ **参赛学校**

浙江大学、浙江工商大学、浙江工业大学

■ **学生团队**

吕创、李诗婷、包茹意、严诗忆、沈贾铭、龚华荣、陈新

■ **指导老师**

刘霞、李翠珍、兰丽平

■ **获奖等级**

第三届长三角大学生乡村振兴创意大赛·平望文化赋能空间专项赛金奖

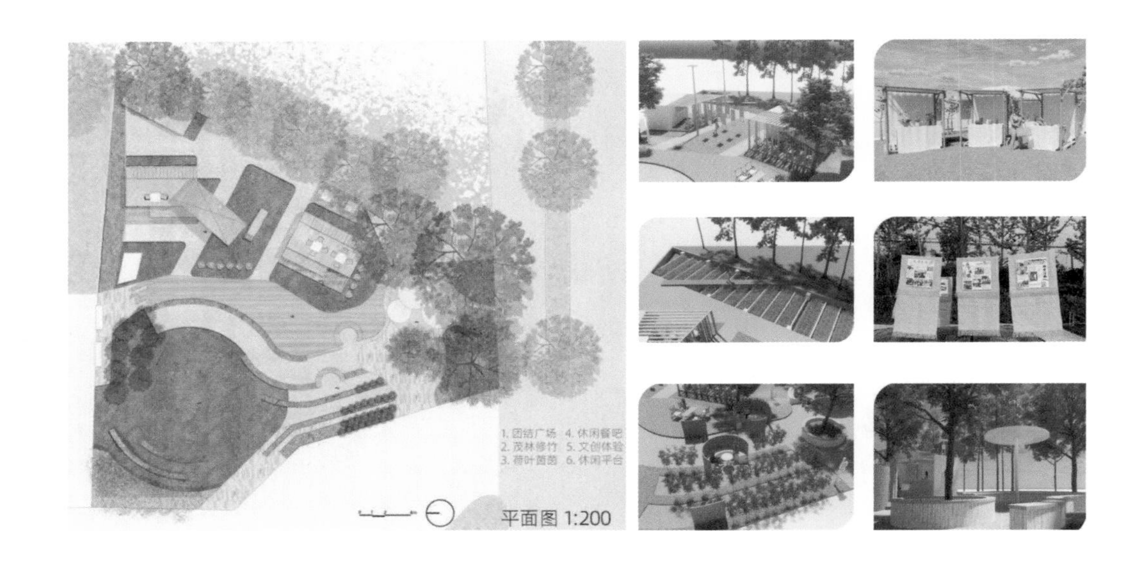

项目概况

项目场地位于苏州市吴江区胜墩村村头，G524 高速公路交汇处。京杭大运河沿岸的独特区位造就了物流运输业的繁荣，江南水乡与园林的文化底蕴也造就了村庄的独特气质。

创意主旨

综合考虑村庄产业发展需求，充分挖掘当地文化记忆符号，打造景观、业态、区位相互配合的可持续模式，充分贯彻“江南新‘集’市，集合‘新村民’”的发展理念，将村前头打造成一个文化与产业一体的复合型公共空间，解决村庄集体收入有限、村庄缺乏服务产业、附近工人缺少餐厅等问题，将村前头塑造成新型活力集市，吸引周边的居民，打造真正的美丽乡村。项目选取荷塘、竹林、货运集装箱三个意象，以现代与乡村融合的手法，打造集装箱小铺、竹林洽谈间、悠悠青草地、创意展览馆、云顶休憩池 5 个主题系列空间。

调研过程

（1）前期需求调研——深入民情，解民之忧

在开展项目前，我们进行了初步调研。为了了解民众需求，采访了 80 多名村民和工人，多次与村委沟通，倾听各方诉求。通过前期调研，我们了解到：村庄离附近集市远、较为冷清，本地村民希望有个热闹的村头可以休闲；虽然附近流动摊贩众多、品类丰富，但就餐环境堪忧，无法落座就餐，务工人员希望有一个高品质的就餐地点；村庄缺乏产业、集体性收入少，村书记希望利用好村头为村子增收。这些调研结果展现了当前村庄发展的总体情况，为我们的后续设计指引了方向。

（2）后期招商调研——落实引资，增民之富

为保障集装箱落地后的进一步运营，我们与村委保持密切联系，咨询他们对于招商引资的想法。我们还积极与周边 11 家商户进行了招商洽谈，了解他们的入驻意愿和可能存在的问题。通过深入调研，我们了解到：商户们的入驻意愿十分强烈，这寓示着地块后续商业模式运行会有较好的前景，但商户对承租价格仍有疑虑。同时由于周边没有公共厕所，希望后续能加设。

流动集市

用竹子简单搭建摊位，用麻布遮阳，提供一些流动性临时摊位，贩卖文创产品，带动地方经济，不必要时可以拆除。

集装箱小铺

采用白色集装箱做主要建筑，烘托现代工业化气息，呼应当地物流运输产业，通过户外广场、休闲桌椅、创意展览相结合，提供高品质餐饮。

创意展览

竹林洽谈间

竹林也是苏州的特色之一， 我们将竹子与竹栅栏相结合，以圆弧形围合出空间，用竹林提供遮阴，村民可于此谈笑风生，工人也可在此用餐。

云顶休憩池

碎石铺设小路，抽象化表现流水。
沿路装点铜制荷花荷叶，呼应村庄莲藕文化。高低错落的圆形顶与桌子，就像荷叶，感悟江南水乡之美。

项目亮点

（1）五大主题空间营造——打造新的乡村生活模式

集装箱小铺：选用集装箱作为实现餐饮功能的载体，呼应当地物流产业特色，同时在前方加入带有格栅的木廊架，作为城市与乡村的衔接。在集装箱的后方设计了美丽菜园，种植生态有机蔬菜，直接供应给餐饮商铺。

竹林洽谈间：采用苏州特色之一的竹子与竹栅栏相结合，以圆弧形围合出空间，用竹林提供遮荫，村民可以在这里谈笑风生，工人可以在这里用餐。皓日当空时的喧闹与落日时分的幽静都别有一番风味。

悠悠青草地：为强化集市的元素，沿着竹林的路径，设计了用于摆放集市摊位的小路，可以吸纳流动摊贩在此进行产品售卖。作为定期聚集人流的手段，同时预留大片的草地供人群活动，也可以供野外露营、音乐晚会等活动所用。

云顶休憩池：荷塘与流水是江南水乡的记忆，我们将乡村元素与现代元素相结合，勾勒出云顶休憩池，踩在碎石之上，听着沙沙水声，乘凉于荷叶之下，唱一曲江南。

创意展览馆：在场地中策划了名为“平望记忆”的展览，帮助村庄梳理文化记忆符号，以具象化的形式将记忆留存，选用乡土材料竹席作为展板，承载各个团队所留下的回忆。

（2）本土材料现代化表达——尝试探索新风格

竹制品是乡村的一大特色，我们针对各类竹制产品进行了一些现代化的应用表达，使得乡土记忆符号焕发新的活力。将竹匾漆成白色，以原木做支撑，放上木板切割而成的集字；将竹篱笆隐藏在竹林之间，配合带有纹理的白色石头坐凳与木饰面板；将竹席作为展板，承载乡村文化记忆。各个空间元素土生土长但又不失时尚，我们觉得这是现代的农村所需要的。

集字竹匾

隐藏在竹林之间的竹篱笆

隐藏在竹林之间的展板

团队感言

设计是一次统筹规划。这次实践让我们明白乡村振兴不仅仅只是植入一些乡村景观，而是需要从宏观切入，落实到微观之处，综合考虑整个村庄的发展，加入适合的产业与业态，并用本土化的空间承载，设计需要着眼于方方面面。

设计是本土化的信息传递。落地与方案设计有很大的差别，我们在一次次的调整中，删去多余的形式化符号，留下最具有代表性的、最本土化的具象化符号，探寻少即是多，less is more。本以为调研—设计—施工是再简单不过的事情，却没想到有趣的故事可以展开得那么长，且收获颇丰。

设计是情结孕育的催化剂。每次回想与平望一起度过的 380 天，都会禁不住感慨“乡村是那样美好”。这场设计竞赛让我们有机会深度了解乡村，挖掘乡村的方方面面，让我们感受到了乡村的旋律，在心间种下了一颗热爱乡村的种子。

B

平望胜墩村
SHENGDUN PINGWANG
乡村人居环境建设实践
RURAL HABITAT ENVIRONMENT CONSTRUCTION PRACTICE

02

得胜亭花园

参赛学校
苏州大学

学生团队
丁一帆、李荣慧钰、缪亦蕊

指导老师
王岩、王启明、王文利

获奖等级
第三届长三角大学生乡村振兴创意大赛·平望文化赋能空间专项赛银奖

项目概况 项目场地位于胜墩村杜桥头自然村进口处，地理位置优越，交通便利。

创意主旨 围绕爱国主义主题，在保证人居舒适度高、大小交通便利、人文观赏性高的前提下，宣传胜墩村的抗倭历史和光辉事迹，推动人文走进村落，着力乡村振兴的文化推广。

项目区位

项目亮点 古代造园家偏好依据“诗词的意境”“名人的风雅”及“禅宗的思想”等文化内涵来配置园林景点中的植物，借植物明志及以植物造景、作画，将整个园子的艺术性得以升华。

得胜亭花园的设计借鉴苏州园林典型花窗六边形的样式，场内设置主体休息亭，亭子墙面陈列中国共产党以及胜墩村历史事迹展板，让游客及村民在休息之余可以了解胜墩村的历史，增强对国家的热爱。

休息亭底部做抬高处理，突出亭子主体形象，绿化场地做了六边形切割划分处理，保证游客及村民休息时的视野。亭子前方设置有景观小品，供儿童游玩，提升场地的亲子活动功能。景观小品的材质采用防腐木，轻便且防腐，大小高低不同，可以满足不同年龄段孩子休息活动的需求。而坐在亭边休息的大人既可以欣赏花园的景色，也可以注意到孩子的动向。

植被选取适应本地气候的植物，如银杏、桂花、梧桐等。考虑到观赏性，项目选用银杏作为大面积种植树木。此外，花卉和水洗石等材料的选择也结合气候及居住习惯进行了综合考量。

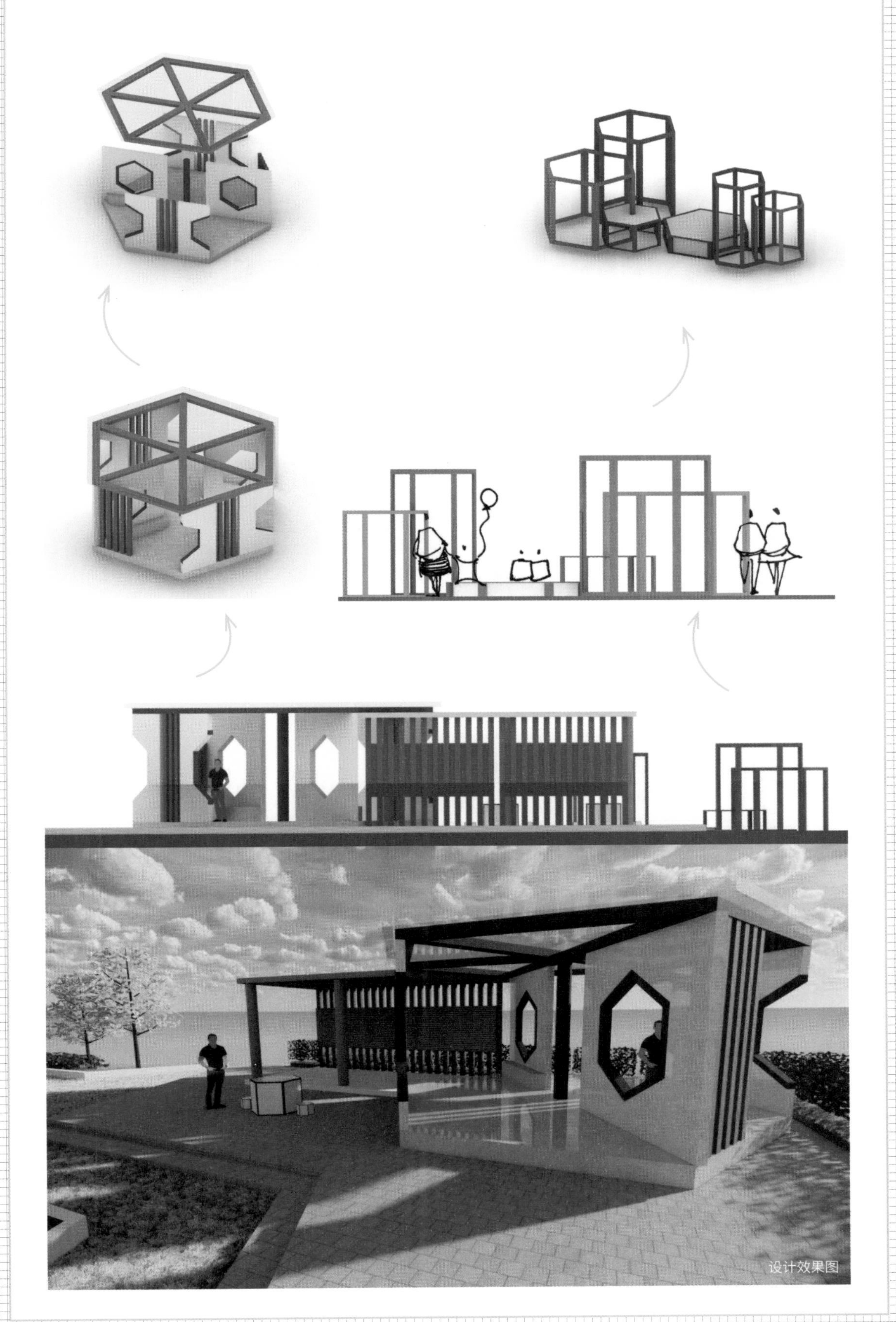

设计效果图

设计效果图

团队感言

通过这次比赛，我们有机会真正投入乡村环境建设中。比赛过程中，实地调研、制图改图、碰头连线，一系列的工作让我们意识到自身设计的不足之处，也从实践中学到了书本中学不到的知识。

设计效果图

B

平望胜墩村
SHENGDUN PINGWANG
乡村人居环境建设实践
RURAL HABITAT ENVIRONMENT CONSTRUCTION PRACTICE

03

以陶为引 品乡野之韵

参赛学校
湖州师范学院

学生团队
王晶、王永丽、周琬玥、郎艳、邵张弛

指导老师
张建国

获奖等级
第三届长三角大学生乡村振兴创意大赛·平望文化赋能空间专项赛银奖

项目概况

项目场地位于苏州市平望镇胜墩村杜桥头自然村的东南面入口处，东面毗邻京杭大运河，北面穿村而过的河流汇入京杭运河。场地占地面积 163 平方米。胜墩村占地面积 4 平方千米，全村有 576 户农户，总人口 1629 人，其村庄各出入口都有重要的作用，一定程度上代表了胜墩的形象与名片。因此，将胜墩村的地域特征和历史文化融入场地设计既能展示胜墩独特的风貌，又能增强胜墩人的乡土情怀。

设计团队在充分挖掘胜墩历史，并走访当地村民后，确立了以陶器文化为主、运河文化为辅的设计主题。制陶作为胜墩人的历史手艺，已经成了这片土地的独特印记。在漫长的岁月里，它见证了胜墩日新月异的变化。而除了静默的陶器，奔腾的京杭大运河也孕育了一代又一代的胜墩人。滔滔的河水永远向前，孕育得胜墩人杰地灵。

创意主旨

以当地悠久的陶罐历史为出发点，挖掘和宣传胜墩村的优良历史与文化，打造一个集休闲、娱乐、观赏功能为一体的村民活动场地，从而丰富乡村的文化生活。

改造前

从区域入口角度可以看出整个场地做了规划，分出了休闲区域和道路区域，墙面也进行了墙绘设计，并配有秋千和象棋桌等休闲设施，以及设计有废啤酒瓶墙等。

改造后

改造后

改造前

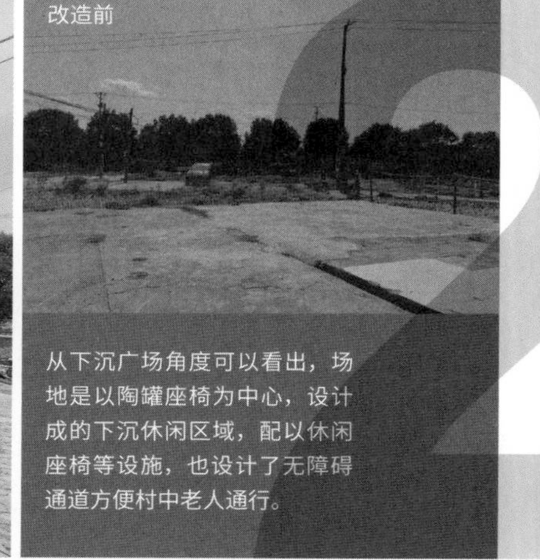

从下沉广场角度可以看出，场地是以陶罐座椅为中心，设计成的下沉休闲区域，配以休闲座椅等设施，也设计了无障碍通道方便村中老人通行。

从场地远处可以看出，整个场地外圈设计了具有乡土特色的矮墙，半围合的设计保证了下沉广场的安全性和通透性，并设计了姓氏太阳能灯等，节能的同时也拥有了美观性。

改造前

改造后

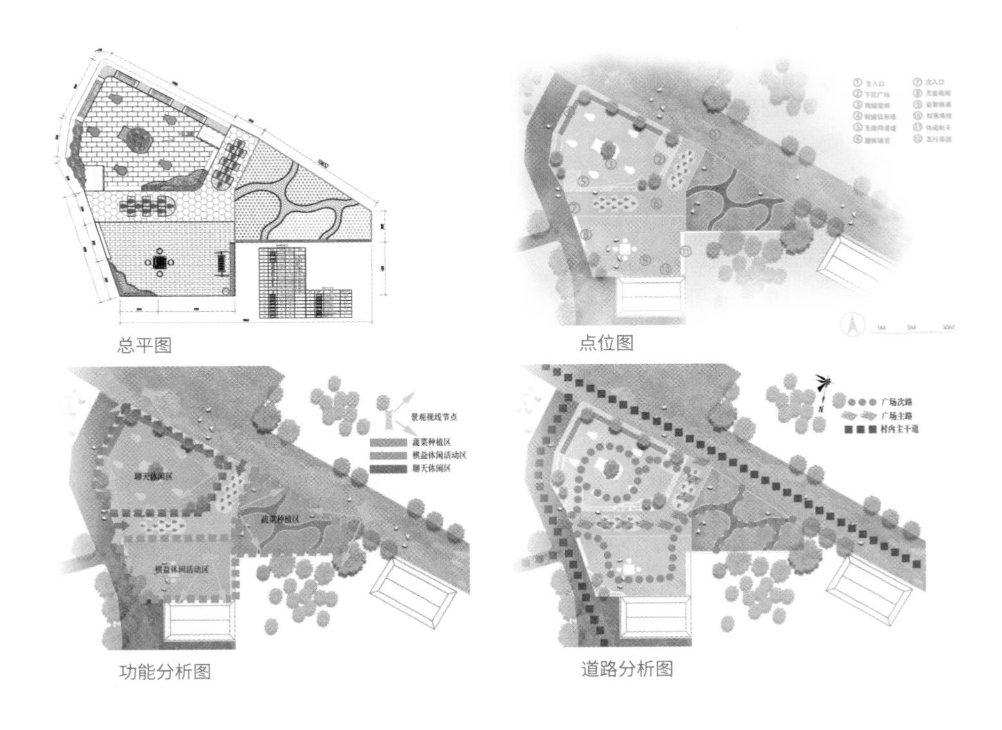

总平图　点位图

功能分析图　道路分析图

项目亮点

该场地具有特殊的地理位置，主要承载着胜墩村村民出行的重要功能。然而，团队在实地考察中发现，该地块荒废已久、杂草丛生，空置墙面掉漆破裂。道路规划不明确，水泥地面凹凸不平，起伏较大。菜地部分杂乱，没有进行合理的分区。基于此，团队从因地制宜的角度出发，依托场地自身高差，打造了一个独特的下沉空间，成为场地一大亮点。下沉空间中不仅设计了可以满足人们休息洽谈的公共座椅，还为村民们的休闲娱乐提供空间。弧形波浪墙作为运河文化和陶罐文化的集合体成为空间的另一大亮点。蜿蜒柔美的波浪弧度代表了连绵不绝的京杭运河，内置陶罐也象征着胜墩历史的延续。

追溯历史的长河，将胜墩本地的“陶罐文化”“运河文化”等融入设计之中。以唐家湖陶文化来作为墙体绘画元素，置入陶罐元素座椅、铺装以及“五行”菜园，使整体空间充满文化气息。将“无废乡村”的理念融入本案设计之中，将废弃啤酒瓶组合为“无废乡村”文化墙，显示“乡村振兴”字样。废弃车轮等废物回收巧用，意喻绿色可持续发展。下沉休闲区依据村里老年人及孩童占比大的实际情况，设计休闲娱乐的场所，以增进邻里乡亲之间的感情。注重绿色景观布局，针对性地营造出与区域空间相适应的植物景观，种植既有赏花期又极具乡土特色的植物。

团队感言

大赛提供了一个极佳的平台，让我们有了一次加强自身专业知识、提高各方面技能的机会。乡村出卷，我们答卷，村民们阅卷。胜墩是一个有温度的村庄，透过那温热的泥土与蜿蜒柔美的小河，我们仿佛看见了一代又一代胜墩人为了建设美丽乡村埋头苦干、勠力同心的模样。在这安静祥和的氛围之中，浮躁的我们也得到了沉淀与安宁，也更加明白了乡村建设的意义，实实在在地想要为乡村振兴贡献属于自己的一份力量。

吴音未悄

吴音未悄，

绿水绕桥，

律律撒四野。

参赛学校
中国计量大学

学生团队
阮佳、朱彤馨、来雨昕

指导老师
吴烨

获奖等级
第三届长三角大学生乡村振兴创意大赛·平望文化赋能空间专项赛金奖

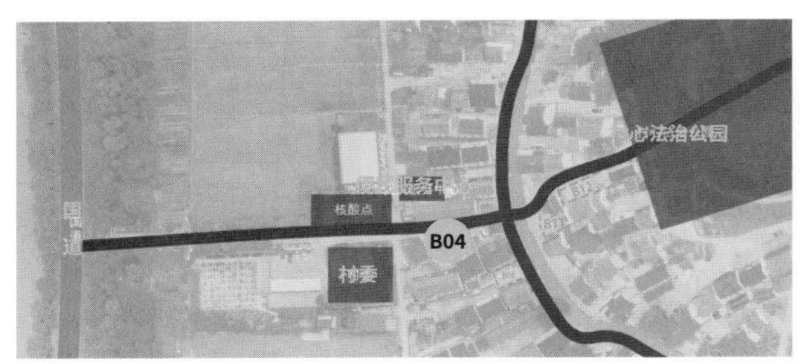

区位图

总平图

平面注释图

项目概况

项目场地位于苏州市平望镇胜墩村，本次改造项目位于 227 省道边村庄入口道路北侧，面向村庄入口，是村庄标识性空间。项目北靠建筑，南临村庄主干道，场地内占用问题严重，墙面脏污，空间没有合理利用。因此改造的重点在于空间的合理规划，整体空间的修复，以及入口标志景观小品的设计，打造一个具有水乡特色和村庄文化的复合型空间。

白天全景图

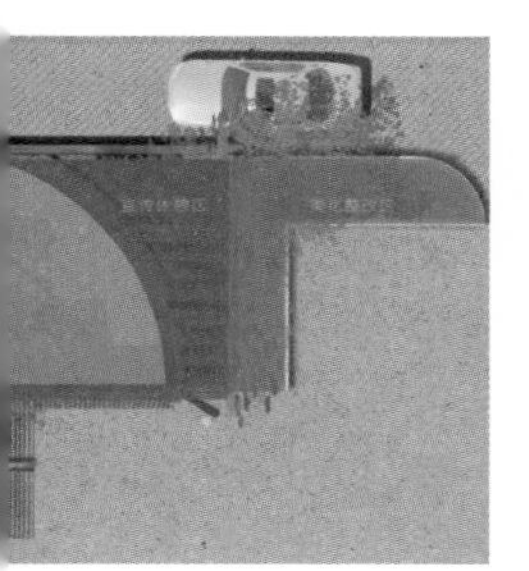

交通流线图

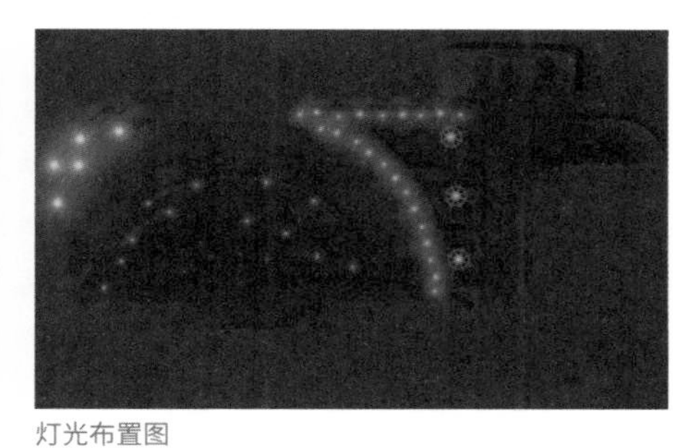

灯光布置图

项目亮点

整改墙面，进行美化，打造具有江南水乡特色的装饰墙面，贴合该村美丽乡村建设风格；设置宣传廊架和核心价值观射灯，保留原本该地宣传作用；设立路口小品花境，在该地中心划分非机动车与人行路线，避免与机动车并行产生安全隐患；设立地面铺装分区，避免车辆乱停和行人踩踏。设立景观植被专区，搭配不同的植被，做到三季有花、四季有景；地面铺装，避免该地原来晴天有尘土，雨天路泥泞的状况。廊架顶部镂空雕刻宣传语意为脚踏实地；景观植被专区设立镜面圆弧装饰、行道铺装设计波状花纹意为村中曾经的桑蚕文化和结丝网。景观小品船意为村内河道，也寓意红船精神，与本项目党建内涵相符合。

核心价值观实景图

团队感言

从最初的调研到最后的答辩，从初来乍到对胜墩的好奇，到后来我们走遍了村中的角角落落，驻村的日子是忙碌而充实的，我们收获满满。随着“吴音未悄”场地开始施工，我们也开始成长之旅。闲暇之余，我们和村民阿婆打招呼，追着小狗到处跑，和朋友们一起协作，体验着最质朴的乡村生活。很高兴有这样一次比赛，给我们提供了一个展现专业知识、现场学习实践的机会，同时也提高了我们在宣传、演讲等方面的能力。

廊架夜景图

伴·园

参赛学校

浙江工商大学

学生团队

吴昊、秦佳琳、张俊、求梓晗、熊昊颖、丁艺、杨金标

指导老师

徐清

获奖等级

第三届长三角大学生乡村振兴创意大赛·平望文化赋能空间专项赛金奖

项目概况

项目场地位于平望镇胜墩村，为一个私人庭院。第一，户主家有两个还未上学的孩子，经常在院子里乱跑，并且房子边就是车道，而庭院没有围栏，存在安全隐患。第二，户主阿姨酷爱种花，家里有非常多的盆栽，但是盆栽布局散乱、混杂，整体外观缺乏美感。第三，庭院活动性功能单一，缺少邻里交流和休憩空间，空间利用利用率低。户主希望有一个院子，不仅可以让孩子们玩耍，还可以更好地养花。

改造前

青砖小瓦童依伴
回廊花落乐躬耕

"人"：乡村邻里、父母子女

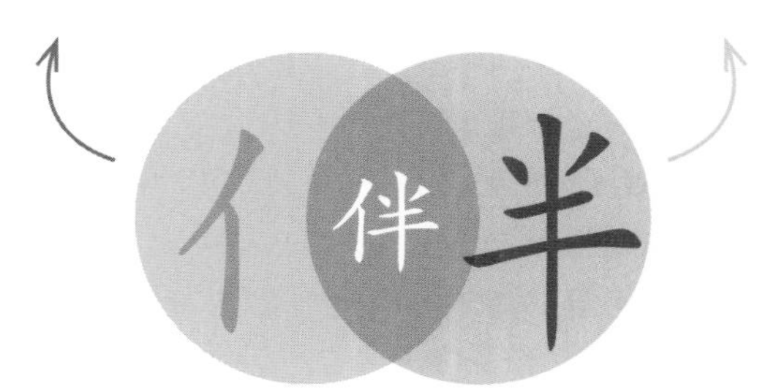

1 鲜花与人相伴 / 2 邻里和睦相伴 / 3 父母子女相伴

创意主旨

项目以"伴"为设计主题，围绕亲情相伴、睦邻相伴、和合相伴的理念，以"伴花""伴童""伴树""伴亭"为设计节点。

庭院 Logo 设计是三个并立的人组成"伴"字的偏旁"亻"，意为相亲相爱的家人。"伴"的"半"由园子中种植的盆栽抽象所得，结合庭院中间的鸡爪槭，以一条象征团圆的小路围合成"圆"。"圆"通"园"，象征一个园子居住着一家人，寓意园子中圆满的情谊。标识中融入中国传统元素，水墨的圆，雕刻的印，装点出典雅的韵味。

项目亮点

庭院以“平衡、梦想、联动、振兴”为设计思路。“平衡”，希望所设计的庭院可以起到很好的平衡作用。一是可以平衡女主人养花的爱好与照顾孩子的任务；二是平衡婆媳之间因为养花与照顾孩子之间的矛盾。“梦想”，改变庭院景观和功能，帮助女主人实现她养花有处养、赏花有处赏的梦想，让其养花的爱好没有被舍弃。“联动”，希望设计方案可以在村内发挥联动作用，辐射至村里的每户人家，让他们意识到自己的家也可以更美。“振兴”，希望变美后的村子，能够吸引更多的年轻人回乡，实现真正的乡村振兴。

改造前

改造后全景

改造后亭子图

团队感言

在平望，遇到了很多事，碰到了很多人，留下了许多回忆。从栽花到装桌椅，从装秋千到修改设计，从远离乡村到慢慢融入乡村，平望给了我们全新的乡村体验。在平望，我体会到了一种热情，也体会到了一种感动。平望之旅，不仅仅是专业技能的实践，更是我们与乡村的一次深入对话。在平望，我们学到了很多规范性、技术性、实践性的知识，最重要的是认识到规划要从“人”出发，设计要从需求出发，我们不仅得到了提升自己的机会，而且还为祖国的乡村振兴奉献了力量。

院巷有乡邻 树荫述久长

■ **参赛学校**
浙江同济科技职业学院

■ **学生团队**
奚琳璐、蓝宗宝、金家炜、傅佳颖、丁文瑾、刘晓益、余见强

■ **指导老师**
陆叶、刘钰、过萍艳

■ **获奖等级**
第三届长三角大学生乡村振兴创意大赛·平望文化赋能空间专项赛金奖

项目概况

项目场地位于平望镇胜墩村杜桥头自然村，东侧为河道，西侧为居民区，是村西南口人流途经的节点。地块中有一片菜园，目前荒芜，呈裸土状态。另一侧为空地，目前村民将其当作停车位。

创意主旨

设计以传承历史文脉、重现传统生活为目标，以平望独有的阿婆茶文化（2011 年列入苏州非物质文化遗产）赋予这个空间灵魂，力图营造一处充满乡土气息、承载文化回忆的邻里共享休憩空间。友邻围坐，共叙家乡变迁；幼子绕树，倾听长者旧闻往事。稚儿嬉闹老树下，听耆老往事娓娓道来——院巷有乡邻，树荫述久长。

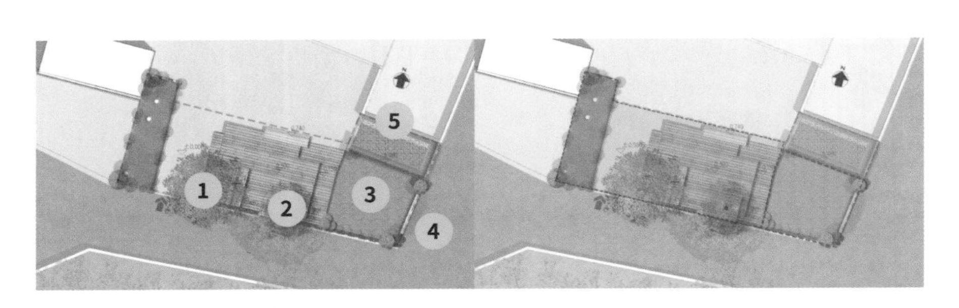

1 乡间老树
2 邻里会客台
3 住户种植区
4 文化记忆墙
5 家庭休憩空间

交互空间
历史传承空间

家庭空间

休憩座椅

我们以重现传统邻里生活为目标，致力展演和传承地方文脉，力图营造一处充满乡情、承载回忆的邻里交互休憩空间。

邻里会客台

在树下设邻里会客台与木制长椅让友邻围坐，共叙家乡变迁；幼子绕树，倾听长者谈往事旧闻。

花箱装饰

乡邻茶话空间不同，此处为住户私人空间，位于主屋左边。搭建竹架，种植葫芦，以青砖瓦片围合，配以木栅栏和花箱。

改造前

项目亮点

调整了原先纵向线性，改变座椅形态，居中摆设茶案，让乡邻围合而坐，打造一处乡邻交往空间。

住户休憩空间位于地块北侧。与乡邻茶话空间不同，此处为住户私人空间，位于主屋左边。搭建竹架，种植葫芦，以青砖瓦片围合，配以木栅栏和花箱，为住户提供一个私密空间，在夏天可以在里面乘凉。打造住户老幼相亲、摆放盆栽的专属趣味空间。

观景文化空间位于地块东南，处于乡邻交往和家庭活动空间之间。以种植经济作物为主，同时辅以一些景观绿植搭配。种植的是辣椒和几株景观植物球，空间相对疏朗，拓展了观赏视野，同时有效间隔乡邻交互和住户休憩，两组空间内外不同。

在地块最东侧，设计纵轴收尾的背景墙，结合现有墙面，用红线进行了再创作，让它以围合姿态有效地融入现在的空间关系，并成为一种文化载体。墙面上铭刻乡土丰物，镶以平望典故和阿婆茶文化图片，让那些人物讲述平望的光阴故事。

种植竹架

打造住户老幼相亲、摆放盆栽的专属趣味空间。

文化记忆墙

有效间隔乡邻交互和住户休憩，两组空间内外不同。

改造后

团队感言

2021 年，与平望相遇在夏蝉始鸣的 6 月。2022 年的盛夏，荷花初绽，万物并秀，我们与平望的故事也将画上句点。在这一年多的时间里，我们收获的不仅是项目实践带来的成长，还有乡村慢生活给予心灵的慰藉。如果说成长是一张单程车票，那么，与平望相伴相知的这段旅程由衷地让人欢喜。

趴在山头的夕阳一点点落下去，余晖给村庄披了层橘色调的轻纱，城市的喧嚣与纷扰在这一刻纷纷散去，在暖熏熏的晚风里，我们能听到自己安定而雀跃的心跳。回想一路走来的历程，有欢笑，也有遗憾。我们有太多的感谢与不舍，感谢秘书处，感谢村民们，感谢 6 月的相遇，也感谢一往无前的自己。

春来夏至，项目一天天在变化和成熟。建设中有欢乐，有艰辛，有胜利的喜悦，偶尔也会流下委屈的泪水。最终，我们得到了满满的收获，项目实现了完美的绽放。

大赛已落幕，而我们与乡村的故事才刚刚开始。

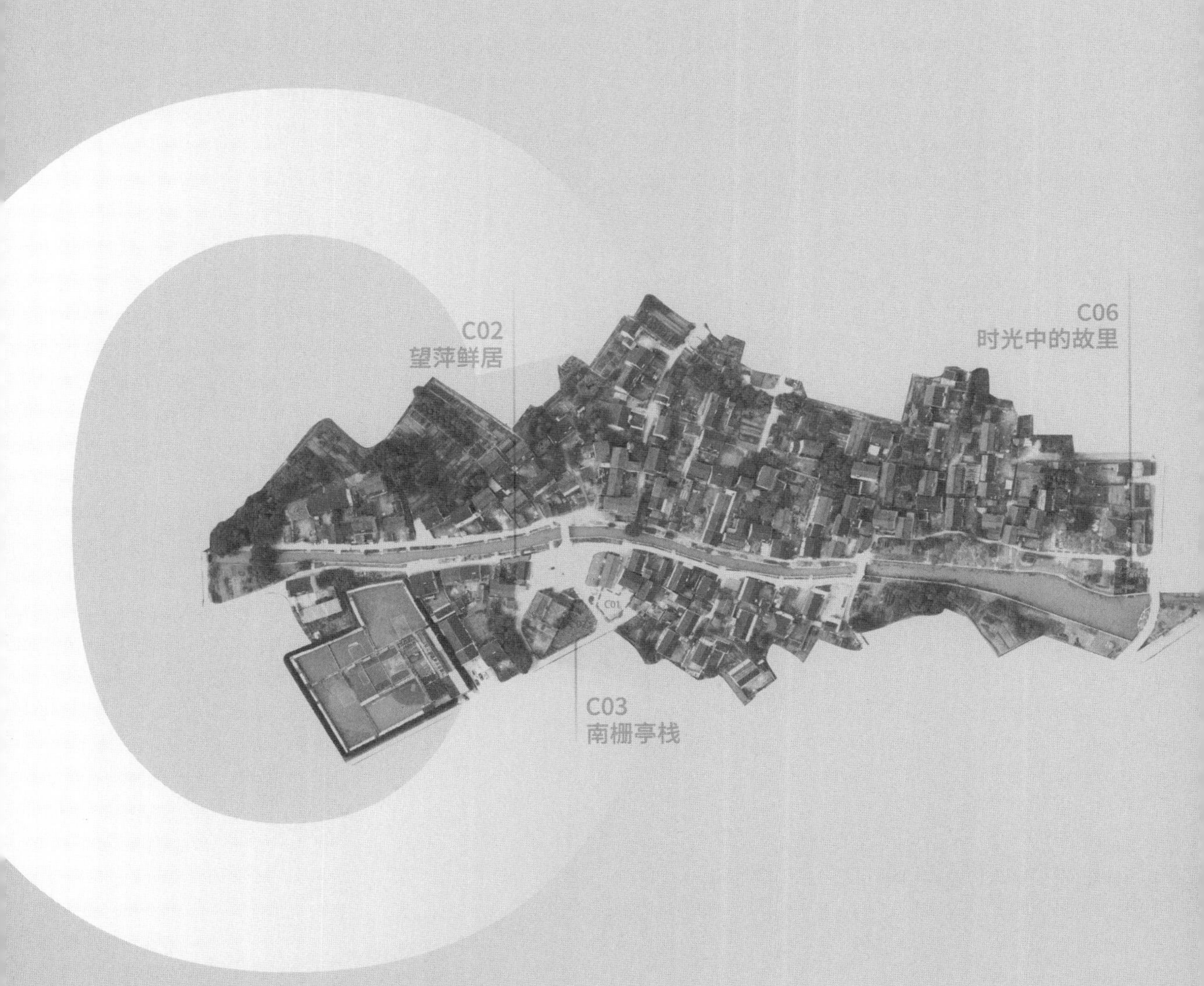
C02
望萍鲜居
C06
时光中的故里
C01
C03
南栅亭栈

平望徐家港
XUJIAXIANG PINGWANG
乡村人居环境建设实践
RURAL HABITAT ENVIRONMENT CONSTRUCTION PRACTICE

02

望萍鲜居

参赛学校

浙江农业商贸职业学院

学生团队

齐檬洋、林施睿、金惠聪、封佳楠、余佳颖、黄微微、卢晨飘

指导老师

张林文君、张全

获奖等级

第三届长三角大学生乡村振兴创意大赛·平望文化赋能空间专项赛金奖

项目概况

项目场地位于江苏省苏州市吴江区平望镇庙头徐家港自然村内，为一户面积约 300 平方米的普通民居庭院，场地内设计了特色烧烤、观光观影、休闲娱乐等区域，满足了特色乡村产业及户主日常庭院休闲的功能需要。

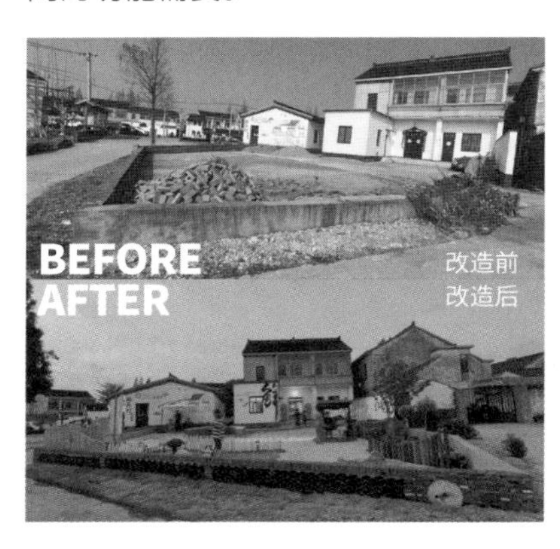

改造前场地现状

1 场地当中相关地方特色不鲜明，没有较好地展现徐家港的特色

2 功能性不强，没有明显的场地区分

3 周边场地空旷有停车场，而且当地渔业旅游业发达，但缺少餐饮服务

4 场地整体空间层次感较差，墙面装饰设计比较少

设计思路

望萍鲜居，延续“望萍”主题，意在打造望萍系列庭院，进而打造一个以“鲜”为主题的集娱乐、休闲、餐饮为一体的乡村特色庭院。

该庭院位于平望镇四河汇集、四水共流的优越的地理位置，结合水产养殖及休闲旅游的产业优势，以乡村改造为契机，将场地打造为特色休闲餐饮空间，在美化原有空间面貌的基础上，增加新型业态功能，从而改善、提升业主的生活水平，提高其经济收入。同时，为当地增加乡村特色空间，为文旅路线提供全新的站点。

项目亮点

特色的手绘装饰创新

在建筑外墙上绘制的巨大的“鲜”字是一种装饰上的创新。这种设计利用了前期外立面改造的基础，使用黑色油漆在白墙上绘制，具有一定的装饰作用，同时，醒目、巨大的标识，吸引远处的游客前来。

在庭院侧面墙体上，以灰、绿色为主色调，绘制河鲜图案，起到装饰作用的同时，活跃了空间的气氛。

水乡特色元素充分利用

在庭院设计中，采用了大量的水乡特色元素。例如，以鱼图案为特色，装饰地面和花坛；以曲线的水纹图案装饰地面；以水岸边的木桩意向设计花坛等。所有元素在设计过程中互相配合，共同营造出庭院的“水韵”。

项目总平图

望萍鲜居

将场地与当地渔文化以及徐家港水岸特征结合，创造一个以烧烤为主，其他餐饮为辅的庭院既可以给商户带来额外收入又可以愉悦身心，实现观赏和餐饮一体化。

稻田烧烤区 可坐 4 人

“感谢与你相遇”，在驻村过程中，团队与施工队、户主、邻居以及其他团队成员之间有许多美好回忆，这些点点滴滴都值得感谢。

自由烧烤区 可坐 6—8 人

利用铁丝和废玻璃瓶配上植物，挂在木栅栏上，充分考虑到废物利用、就地取材的原则，增加用户体验感。墙上加上一些与水相关的软装配饰进行改造。

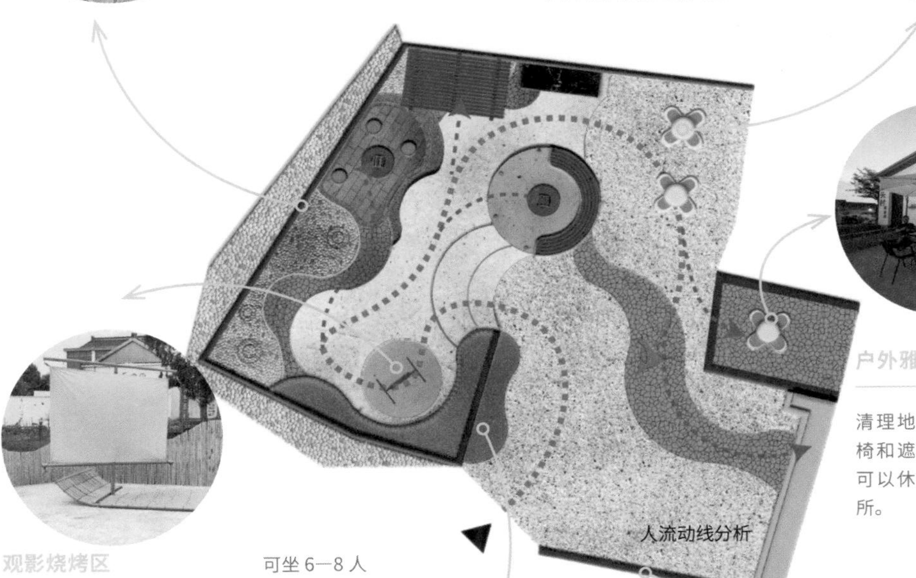
人流动线分析

户外雅座区 可坐 4 人

清理地面杂物，摆放桌椅和遮阳伞，提供一个可以休息喝茶畅谈的场所。

观影烧烤区 可坐 6—8 人

“竹筏”设计，用餐之余，可作为晾衣杆晾晒衣物，在用餐时，加上一块幕布，配上投影，打造闲适自在的露天观影场地。

庭院入口

庭院入口处设计一块点餐用的黑板，后面的背景是用灰色砖块砌筑的波浪形装饰墙，不同层次的植物，打造美丽的入口景观。

特色鲜景墙

大幅的鱼图案墙绘，体现出徐家港的渔文化特色，“鲜”以徐家港的景、物、人来体现。

场地全貌

团队感言

从空荡荡的庭院到逐步成形的“望萍鲜居”庭院，场地内的一砖一瓦、一草一木，都凝聚了项目设计人员及施工人员的心血。每一个元素都带有回忆，每一个角落都承载着故事。参赛过程中有过辛酸，有过欢乐。建成之际，欣喜万分，团队由衷地感谢为此项目付出的所有人！

露天观影区　特色手绘墙绘

南栅亭栈

■ **参赛学校**

三明学院

■ **学生团队**

董邱华、王煌斌、谢明杰

■ **指导老师**

韩国强、祝永

■ **获奖等级**

第三届长三角大学生乡村振兴创意大赛·平望文化赋能空间专项赛金奖

C03 场地处于徐家巷中心广场边缘的厕所旁，场地较为隐蔽，空间使用辐射范围小；在改造之前只有周围两家在种植少量农作物。

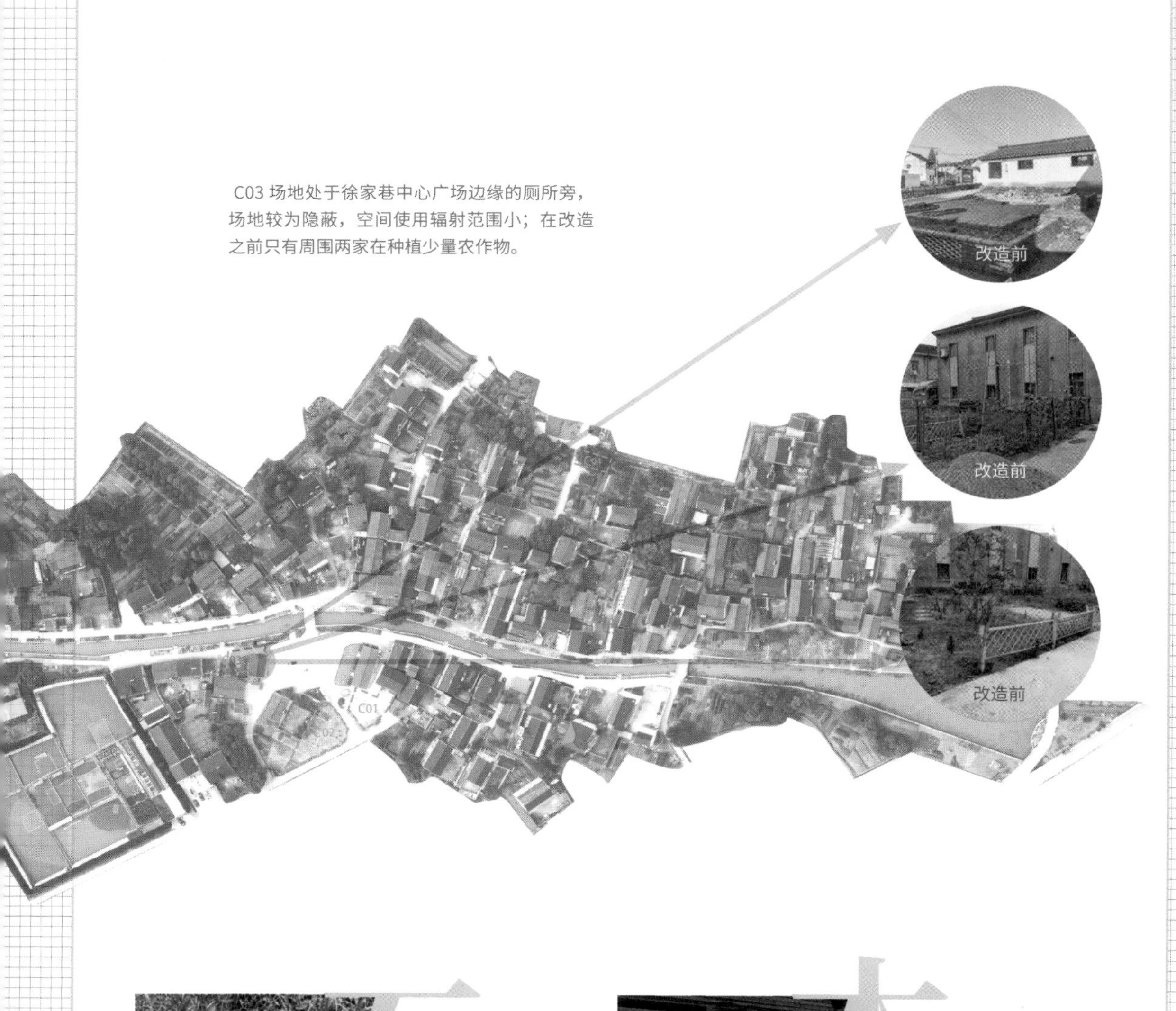

石

源于村落，光滑椭圆，在充当景观造景同时也可以与居民小孩互动。

木

当地的木材，节能环保，与居民有亲切感。

瓦

材料简约，造价便宜，易搭建形态，渲染空间氛围。

草

乡土植被，生于斯长于斯，适应性强，存活率高，野趣横生。

项目概况

项目场地位于平望镇庙头村徐家港自然村内，处于徐家巷中心广场边缘。种植有少量农作物。由于缺少遮荫处，在夏天上午 10 时至下午 5 时是日照最强的时段，村民缺少在村中活动的公共空间。

设计愿景

希望通过共享庭院的形式来丰富旅客和村民的活动方式，感受苏南水乡风情，日常生活中增加一处停歇的驿站。改造公共用地，改善乡村居民的生活，也让更多的外来游客走进徐家巷内，停留在滨水河畔旁感受徐家港村的文化魅力。

设计思路

以南方丘陵山群为意象，搭配植物造景渲染空间氛围与乡土气息，打造居民休闲生活的人文景观。打造一处遮荫景观，以石、木、瓦、草 4 个概念元素材料来设计方案，使其具有乡土气息。主体建筑是一个凉亭，可兼容 12—15 人在此处停歇。主体建筑物顶棚选用茅草铺盖，使顶棚更质朴。呼应凉亭，设计景墙，通过景墙与亭子形成对应，与对岸形成随着时间及作息而变动的画卷，产生视觉上的停留。场地中心留有空间，利用石子设计成广场，作为居民休闲散步与小孩娱乐的场所。同时，还可以作为村庄脉络的辅助路线。用砖瓦铺设的地面不仅美观也带有指向性，从四周向中心聚集。

改造中

场地照片

项目亮点

主体建筑是一个凉亭，顶棚选用茅草铺盖，具有质朴感，又设计了景墙。利用石子铺设成广场，又用砖瓦铺设路面，使广场成为居民休闲散步与小孩娱乐的场所。

在主体建筑设计规划过程中，初步计划是在竹亭顶部附攀爬植物为主体构造来设计，但随着对场地研究的深入，团队了解到在村子外围有大批闲置防腐木材。为更好地满足居民的使用而摒弃原本较为美观的竹亭，不仅增强了实用性，还将村落中闲置或废置的材料加以利用，这也是乡土资源再利用的理念体现。

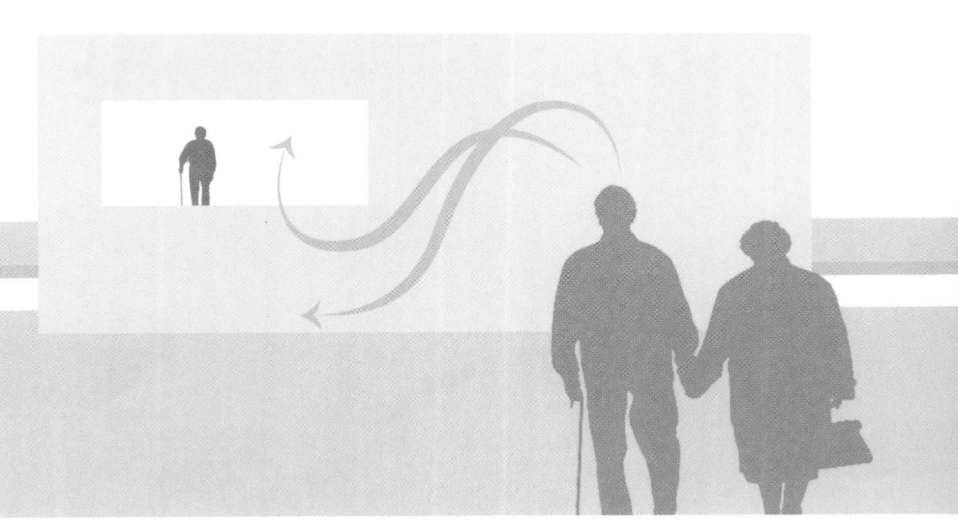

视觉分析图

工人场地合影

团队感言

团队成员都来自福建，所以比较辛苦的是前往现场调查的过程。我们需要乘坐 12 小时以上的火车才能到达场地，一到达现场，我们马上顶着炎日一遍遍地寻访村民，挖掘村内可利用的乡土资源，了解、记录周边民户的需求，将村落中闲置或废置的材料加以利用，力图把使用价值最大化。最大的欣慰无疑是从群众中得来的灵感，最终又满足了群众的需求。感谢大赛，让我们确确实实地在乡村振兴中发挥出自己的价值。

场地照片

C06

时光中的故里

■ **参赛学校**
苏州农业职业技术学院

■ **学生团队**
刘丛瑞、盛乐乐、曹艺凡、叶严波、于子健、李龙

■ **指导老师**
张彤钰、高静瑶、王炀

■ **获奖等级**
第三届长三角大学生乡村振兴创意大赛·平望文化赋能空间专项赛金奖

项目概况

“故人具鸡黍，邀我至田家。绿树村边合，青山郭外斜。开轩面场圃，把酒话桑麻。待到重阳日，还来就菊花。”唐代诗人孟浩然笔下的田园风光与农家生活从古至今都是人们所追求的。平望徐家港村，既是一个充满诗意的江南村庄，又有着与时代接轨的生活方式。

团队选取 C06 地块，以“时光中的故里”为设计主题，在不打破自然原有方式的基础上融入现代生活的元素，满足现代发展趋势的同时，也践行保护自然、尊重自然的理念。整体设计以曲线为主，这些曲线宛若静淌乡间的时间长河，静待焕发生机。

创意过程

为了真正做到因地制宜，将设计融入村民生活当中，2021 年 7 月 25 日，团队带着初稿前往平望镇调研，深入了解当地村落文化与周边环境。当地的居民十分热情，C06 地块旁的一住户，甚至邀请我们进入家中，招待我们解暑的水果，带领我们参观自家的花园，还为我们提供了一些种植物品种，并告知当地居民的一些生活习惯。从交流中，我们了解到村民真正的需求与对于场地改造的期望。炎炎夏日里，我们切实感受到了当地村民的淳朴与热情，对平望徐家港这块土地有了更加深刻的理解，明确了设计方向。

1 初始小屋
2 麦穗铺装
3 时钟休息座椅
4 景观种植区
5 流线汀步
6 齿轮花园
7 弧形文化墙
8 亲水平台

项目亮点

设计以时钟休息座椅与圆形小花坛象征时钟的大小齿轮，推动着乡村的发展。入口处，时光小屋记录了辞旧迎新的历史变迁。

主体建筑为时钟休息座椅，通过植被与材质的搭配，周边景观环境倒映河岸，融入自然，拉近了人与自然的距离。

设计提取当地的运河文化、牧渔产业和葫芦产业元素，利用地块紧邻水系、地势平坦、农作物丰富等特点，打造滨水休闲空间和公共垂钓空间。

01 时钟休息座椅

外部木板铺装代表时钟的外轮，内部木桌代表时钟的内轮，中间的环形座椅代表时钟流逝的尺度，同时与流线汀步相对应。

02 流线汀步石

以汀步石铺成流线型道路，配合草坪形成一片绿化带，同时与周边铺装的弧度相呼应。

原本草坪区域与汀步石高差过大，底部大多为水泥，草坪难以铺设，后采用泥土填充，减小高差，再以草皮覆盖。

03 麦穗铺装

弧形文化墙

时钟休息座椅

团队感言

在平望的那段日子，我们一同期待这块区域的焕然一新，为此我们在这片乡村付出了无尽的努力，途中尽管有失落、抱怨、不满，但收获更多的是喜悦、友谊与真诚。相信在未来，会有更多的人感受到这里的魅力，来此偷得浮生半日闲。

场地全景

附录

APPENDIX

Sustainable
Rural
Youth
Construction

PINGWANG

创意，让乡村更美好

致我們在平望的青春！

村前港
第三届长三角大学生乡村振兴创意大赛
平望·文化赋能空间专项赛开工大吉
长三角大学生乡村振兴创意大赛
四河汇集
美好在望
美好在望

后 记

自 2020 年开始，平望开展了多场全国大学生乡村振兴创意赛事，大赛用年轻人的创意持续为平望乡村振兴赋能。凝聚着青年们创意成果的《可持续的青年乡村营造——平望乡村人居环境建设实践》也终于正式面世出版。

受疫情影响，原先的赛程被全盘打乱，赛事成了一场耗时漫长的“持久战”。粗略估算，2021 年和 2022 年，42 所高校的 200 余名师生的实际驻地时长已近千日，从创意初现、实践调研到方案落地，无不是经久的磨砺与考验。当然，最后的比赛结果并未辜负众人的努力和期待，从匠心点睛、亮点纷呈到串珠成链、风景成线，无论是追求美学和实用性并存的院落美化，还是以建立新业态为导向的建筑设计，都能在学生的作品中找到典范。青年们用设计点亮乡村，用创意赋能乡村，用温情联结乡村，为平望这座江南水乡献上了最赤诚的青春之礼。分布于 6 座村庄的 60 个独特创意庭院空间在乡村营造师的手下焕发新颜，村民们也笑开了颜。

从脱贫攻坚到乡村振兴，大学生乡村振兴创意大赛持续不断地为乡村引入资源与创意。通过搭建“政校企村”合作平台，大学生、青年设计师等各界人才与乡土工匠融合，共同为乡村寻找活化路径，切实为乡村振兴事业提供源源不断的助力，让一幅幅生动且具有活力的未来乡村画卷徐徐铺展开来。

执笔绘就乡村振兴宏伟蓝图的生力军，正是朝气蓬勃的青年们。《人民日报》曾刊评指出，青年、国家、时代是形影相随的铁三角、彼此助推的浪涛。在乡村这片大有可为的热土上，青年们身体力行砥砺深耕的精神、锤炼百折不挠的意志、凝铸担责于身的品格，为乡村振兴事业添砖加瓦。2 届平望大赛，对于青年们来说，不仅是专业技能的实践，更是与乡村的一次深入对话。这一场青年乡村营造行动虽已落幕，但播撒在平望的创意种子正向着阳光，在这片土壤里勃勃而生，丰收在望！

这场历时 2 年的乡村营造行动，离不开各方的通力合作。感谢各高校的支持；感谢参赛团队师生的参与；感谢唐瑶、汪凝等老师在疫情期间实地考察，撰写序言，不断研究提炼乡村营造的方向；感谢中鲈村陈明强、钮如元，茂才港村马红星、徐钟，庙头村沈建强、范伟宏，马家港联丰村徐红星、王娟，胜墩村张冬华、沈倩超等各赛点的村支部书记和村干部为这场行动提供坚实的后勤保障；感谢张文杰、周林海、吕振林、李美林、王凯、史培福、张伟荣、陈海林、张新民等施工项目经理提供技术保障；感谢乡土营造社卢岳鹏、潘仁礼，绍兴文理学院罗洁，浙江工商大学学生龚华荣，疫情期间驻村逾百日，细致照顾参赛团队生活起居，不遗余力地推进项目落地工作。还有热心参与营造的村民以及为营造行动做了大量宣传推广工作的媒体朋友们，在此一并致谢。

参天之木，必有其根；怀山之水，必有其源。愿《可持续的青年乡村营造——平望乡村人居环境建设实践》一书如同种子，在中国的乡土上落地生根，成为乡村振兴的参天大树。

谨以此书，献给每一位在乡村振兴之路上奋勇前行的人。

编者

2023 年 10 月

乡村振兴
我们一直在路上